广告材料与工艺实训

GUANGGAO CAILIAO YU GONGYI SHIXUN

高等职业院校实训系列教材

主　　编　郭建明

副 主 编　李红梅

参编人员　秦子茜　卫　青　王　敏

蘭州大學出版社
LANZHOU UNIVERSITY PRESS

图书在版编目（CIP）数据

广告材料与工艺实训 / 郭建明主编. -- 兰州 : 兰州大学出版社, 2025. 1. -- (高等职业院校实训系列教材 / 赵彦军, 张德龙总主编). -- ISBN 978-7-311-06714-4

Ⅰ. F713.80

中国国家版本馆 CIP 数据核字第 2024C36X96 号

责任编辑　张爱民　李雨淇
封面设计　倪德龙

书　　名　广告材料与工艺实训
GUANGGAO CAILIAO YU GONGYI SHIXUN
作　　者　郭建明　主　编
出版发行　兰州大学出版社　(地址:兰州市天水南路222号　730000)
电　　话　0931-8912613(总编办公室)　0931-8617156(营销中心)
网　　址　http://press.lzu.edu.cn
电子信箱　press@lzu.edu.cn
印　　刷　兰州银声印务有限公司
开　　本　787 mm×1092 mm　1/16
成品尺寸　185 mm×258 mm
印　　张　14
字　　数　284千
版　　次　2025年1月第1版
印　　次　2025年1月第1次印刷
书　　号　ISBN 978-7-311-06714-4
定　　价　42.00元

Preface 前言

随着时代的发展和科技的进步，广告设计与制作领域也迎来了前所未有的变革。为了培养既懂设计，又懂广告材料与设备使用的复合型人才，我们编写了这本以任务工单形式呈现的《广告材料与工艺实训》。

《广告材料与工艺实训》是一本集实用性、专业性和前瞻性于一体的教材。本教材不仅详细讲解了广告应用中所用到的各种材料，还深入介绍了广告制作设备，如UV平板打印机、3D打印机、雕刻机、喷绘机、写真机等，力求让读者能够系统地掌握广告设计与制作的核心技能。

在对广告材料的介绍中，本教材注重实用性和前瞻性，涵盖了从传统的广告材料到最新的环保材料，从常见的纸张、布料到特殊的金属材料，每种材料都有其独特的性能和应用场景，为读者提供了丰富的选择空间。

在广告制作设备的介绍上，本教材不仅详细讲解了各种设备的操作方法和使用技巧，还结合了大量的实例，让读者能够直观地了解设备的实际应用效果。本教材对UV平板打印机、3D打印机、激光雕刻机等设备进行了讲解，使读者能够迅速掌握这些设备的操作要领。

本教材结合实际应用，编写了一系列综合实例。这些实例不仅涵盖了广告设计与制作的各个环节，还涉及不同行业、不同领域的广告需求。通过这些实例的学习，读者可以更加深入地理解广告设计与制作的原理和方法，提高自己的实际操作能力。

本教材由郭建明担任主编，李红梅担任副主编，秦子茜、卫青、王敏参与编写。郭建明负责书稿策划、统筹协调，李红梅负责编写“认识广告材料”和“常见广告制作设备”，秦子茜负责编写“常见广告制作工艺”，卫青负责编写“广告设计与制作项目实战”和“成果案例赏析”，王敏负责视频的拍摄与剪辑。在本教材的编写过程中，甘肃天籁水映文化有限公司给予了大力支持，编者也参阅借鉴了诸多著作和资料，在此，向甘肃天籁水映文化有限公司和有关作者表示诚挚的谢意！

由于编者水平有限，书中存在的疏漏与不当之处，恳请各位专家、广大师生及同仁批评指正。

编者

2024年4月

本教材配套微课资源使用说明

针对本教材配套微课资源的使用，特做如下说明：本教材配套的微课资源以二维码形式呈现，手机扫描即可进行相应知识点的学习。

具体微课名称及扫码位置如下：

序号	微课名称	扫码位置
1	UV平板打印机的操作流程示范	第84页
2	写真机的操作流程示范	第91页
3	激光雕刻机的操作流程示范	第105页
4	喷绘机的操作流程示范	第125页

Contents 目 录

项目一

认识广告材料

思政讲堂

广告材料作为广告设计的物质基础，其背后蕴含着丰富的思政内涵。环保材料的应用，我们看到了广告设计对生态文明的责任担当。选择可回收、可降解的广告材料，是对地球家园的呵护，体现了可持续发展的理念，这教导我们在追求广告创意和商业价值的同时，不能忘记对环境的保护，要以实际行动践行绿色发展理念。同时，不同广告材料的特性和用途也反映了科技创新的力量。新材料的不断涌现，是人类智慧的结晶。这激励着我们勇于创新、敢于探索，以科技进步推动广告行业的发展，为建设创新型国家贡献自己的力量。在认识广告材料的过程中，我们还应培养严谨认真的工作态度和精益求精的工匠精神。无论是挑选合适的材料，还是进行精细的加工制作，都需要我们用心对待，力求做到最好。只有这样，才能打造出高质量的广告作品，展现出专业素养和职业精神。让我们一同提升专业技能，汲取思政养分，成为有责任感，有创新精神和工匠精神的广告设计人才。

项目介绍

（1）认识广告材料中塑料类、布类、纸类、金属类材料。

（2）熟悉广告材料中塑料类、布类、纸类、金属类材料的特性和适用领域。

（3）掌握广告材料在广告行业领域中的应用。

任务一　塑料类广告材料

任务介绍

基于实际应用的需求，全面了解广告材料中塑料类材料如：PP胶片、透明背胶、可移背胶、灯箱片、透明片、单孔透、KT板、PP板、亚克力板、PVC板、镜面板、双色板、铝塑板、亮光板、反光膜、反光喷绘布等的特性和应用领域。通过学习此任务，学生要能根据广告制作的需求选择合适的材料。

任务描述

掌握PP胶片、透明背胶、可移背胶、灯箱片、透明片、单孔透、KT板、PP板、亚克力板、PVC板、镜面板、双色板、铝塑板、铝塑膜、亮光板、反光膜、晶彩格等材料的特性和应用领域。

通过对以上塑料类广告材料的学习和了解，全面掌握其相关知识。同时，我们应不断关注行业发展动态，改进并提高自己的技能，以适应市场需求。

相关知识

1.PP胶片

（1）产品介绍

PP胶片是以聚丙烯（Polypropylene）为主要材料制成的胶片。

（2）产品特点

①光泽度高，色彩鲜艳，图像解析度高。

②耐腐蚀，具有较好的耐腐蚀性，适用于多种环境。

③机械强度高，具有较高的拉伸强度和冲击强度，能够经受较大的外力作用。

④可加工性良好，易于剪切、折弯、粘贴等加工操作，方便制作各种形状和尺寸的制品。

（3）产品适用领域

①广告宣传

用于制作海报、灯箱广告、展板、车身广告等。

②印刷包装

用于制作书籍封面、包装盒、礼品袋等。

③摄影领域

用于制作照片冲印后的保护膜或相册内页。

④展示展览

用于制作各类展品的标签、说明牌等。

⑤卡片制作

用于制作贺卡、明信片、名片等。

⑥文具用品

用于制作文件夹、笔记本封面等。

（4）产品图示

产品如图1-1、图1-2所示。

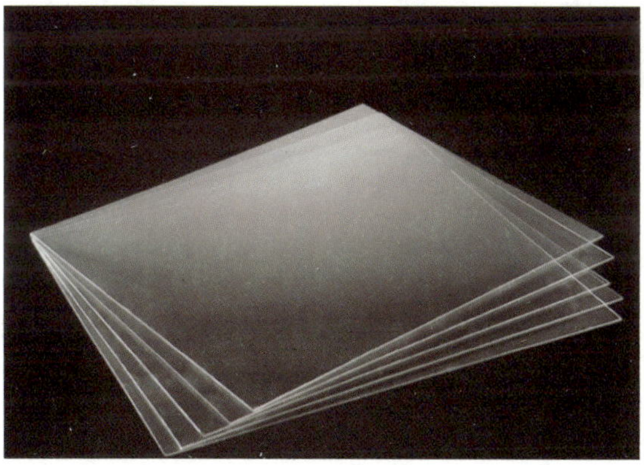

图1-1　PP胶片（1）

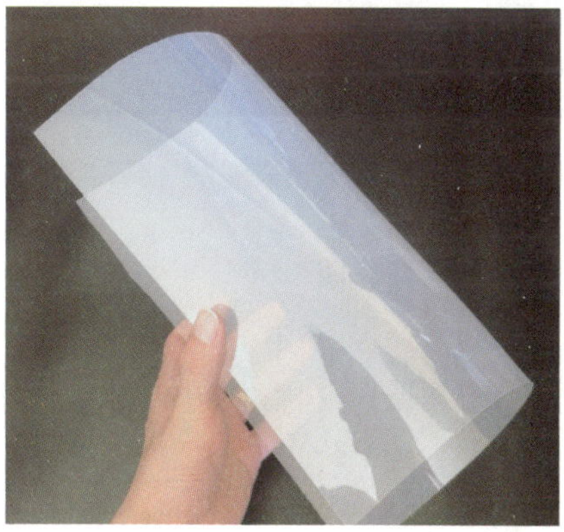

图1-2　PP胶片（2）

2.透明背胶

（1）产品介绍

透明背胶又名水性PVC透明背胶，是一种常见的广告材料。

（2）产品特点

①材质透明，正面可以进行印刷或喷绘，背面有黏性。

②黏性较好，能够牢固地粘贴在各类光滑材料（如玻璃、金属、塑料等）的表面。

③清晰度高，在印刷或喷绘图像后，能保持较高的清晰度和色彩鲜艳度。

（3）产品适用领域

①商品橱窗展示

可以在玻璃橱窗上张贴宣传海报、促销信息等。

②车身广告

制成广告粘贴在车辆的车窗或车身表面。

③展示展览

用于装饰展板及展示信息。

（4）产品图示

产品如图1-3、图1-4所示。

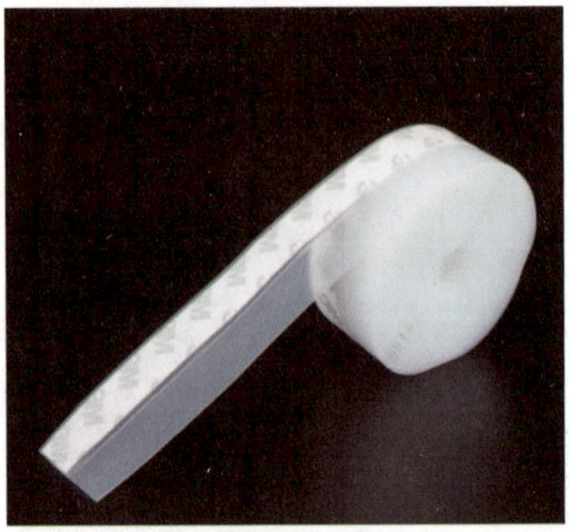

图1-3　透明背胶（1）

图1-4　透明背胶（2）

3. 可移背胶

（1）产品介绍

可移背胶又称水性PVC背胶，是一种特殊的背胶材料。

（2）产品特点

①可移除，与传统背胶不同，可移背胶在粘贴后可以轻松地从被粘物体表面移除，通常不会留下残胶或损坏被粘物表面。

②可重复使用，在一定条件下，可移背胶可以多次粘贴和移除。

③适用范围广，可用于多种光滑、平整的表面，如玻璃、瓷砖、金属、塑料等。

④方便更换，适合需要经常更换内容或图案的场景，如促销活动海报、临时标识等。

（3）产品适用领域

①车身广告

可以粘贴在汽车、公交车、出租车等车辆表面，能轻松移除，不损伤车漆。

②地贴广告

可被制作为引导标识、促销信息等粘贴在商场、超市、展会等的地面上。

③室内墙面装饰

可被制作为宣传海报、文化标语等粘贴在办公室、会议室、展厅等室内空间的墙面上。

④展板制作

粘贴在展板上制作临时的展示内容，方便更换。

⑤活动布置

可被制作为指示牌、宣传标语等粘贴在发布会、超市等各类活动现场。

（4）产品图示

产品如图1–5、图1–6所示。

图1–5　可移背胶（1）

图1–6　可移背胶（2）

4. **灯箱片**

（1）产品介绍

灯箱片是一种用于灯箱广告展示的印刷材料。灯箱片可分为全透片和半透片（太白片）两类。全透灯箱片只有在灯光的照射下才会显得色彩鲜艳，无灯光照射时则一片黑暗，而半透灯箱片在无灯光照射时也会显现出彩色照片的效果，经灯光照射会更加艳丽。

（2）产品特点

①透明度高，能够让灯光均匀地透过，展现出清晰、明亮的图像。

②色彩鲜艳，印刷效果好，颜色饱满、逼真。

③耐候性高，具备一定的防水、防紫外线等性能，在户外或长期使用时不易褪色、变形。

④尺寸多样，可以根据灯箱的大小和形状裁剪或定制灯箱片。

（3）背喷灯箱片与正喷灯箱片

①背喷灯箱片

a. 图形是从背面进行打印的，通过光线的穿透来显示画面。

b. 色彩通常较为鲜艳、饱和。

c. 具有较好的遮光性，能有效避免灯光对画面的干扰。

②正喷灯箱片

a.图像从正面打印。

b.对墨水的兼容性较好，适用的墨水类型较多。

c.在灯光照射下，可能会有一定的反光现象。

在实际应用中，选择背喷还是正喷灯箱片，通常取决于具体的使用场景、需求和预算等因素。

（4）辅助光设施的设计

①LED灯带

将LED灯带嵌入灯箱内部，通过调节灯光颜色和亮度来展示灯箱效果。

②灯箱内置灯

在灯箱内部安装内置灯，提高灯箱明亮度和立体感。

③外部辅助灯光

在灯箱外部添加辅助灯光，增强灯箱的视觉冲击力。

（5）产品适用领域

①商业广告

用于商场、超市、专卖店等场所，展示品牌、促销信息和产品形象等。

②展示展览

在展会和展览馆中，可用于展示企业形象、产品特点等。

③交通枢纽

在机场、火车站、地铁站等地，可用作指示牌、广告牌等。

④餐饮行业

在餐厅、咖啡馆等场所可以用灯箱片来展示菜单、特色菜品和优惠活动等。

⑤医疗场所

用于医院、诊所等医疗场所的科室指示牌等。

⑥户外广告

用于街边的大型灯箱广告，吸引路人的注意力。

（6）产品图示

产品如图1-7、图1-8、图1-9所示。

图 1-7　灯箱片（1）

图 1-8　灯箱片（2）

图 1-9　灯箱片（3）

5. 透明片

（1）产品介绍

透明片由透明的塑料材质制成，耐高温、耐低温，清晰度高，色彩还原度高。

（2）产品种类

①PVC 透明片，成本相对较低，具有一定的柔韧性和耐候性。适用于室内灯箱。

②亚克力灯透明片，具有较好的透明度、耐候性和机械强度，表面光滑平整，色彩鲜艳且持久。

③PC 透明片，具有高强度、高韧性、耐高温等特点，抗冲击能力强，适用于户外灯箱。

④PET 透明片，透明度高，韧性较好，不易破裂，印刷适应性强。

（3）产品适用领域

①灯箱片

可制成灯箱广告，经过灯光照射，使广告更加吸引人。

②橱窗展示

用于店铺橱窗，可在上面印刷或粘贴广告图案和文字，既能展示商品，又能传达广告信息，同时不遮挡视线。

③展板覆膜

覆盖在展板表面，起到保护和增加透明度、光泽度的作用，增强展示效果。

④产品包装

可制成某些透明包装上的广告图案，既能展示内部产品，又能起到宣传作用。

（4）产品图示

产品如图1-10、图1-11所示。

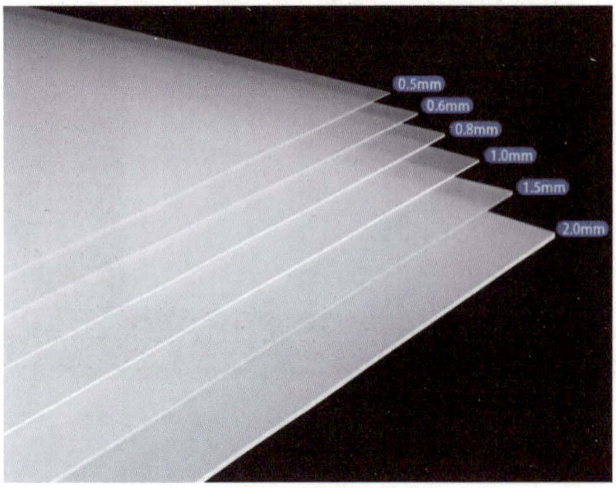

图1-10　透明片（1）

图1-11　透明片（2）

6. 单孔透

（1）产品介绍

单孔透，又称透视贴、网孔贴，是一种具有特殊效果的广告材料，主要材料为PVC，有黑色胶底。

（2）产品特点

单透膜孔径与孔距完全符合黄金分割法，孔径为1.6 mm，孔距为2.4 mm，达到了透光率与画面表现率的最佳结合点，保证了最佳的视觉效果和透光率。

（3）产品适用领域

①交通工具

可贴于地铁、出租车、公共汽车等交通工具的窗户上。

②建筑

用于玻璃幕墙广告、商场玻璃橱窗广告，既能起到广告宣传作用，又能减少外界干扰。

③室内场所

可用来划分办公室、会议室区域，布置展览会现场，也可用作卖场内部的POP广告，还可贴在冷饮机的玻璃门上。

（4）产品图示

产品如图1-12、图1-13所示。

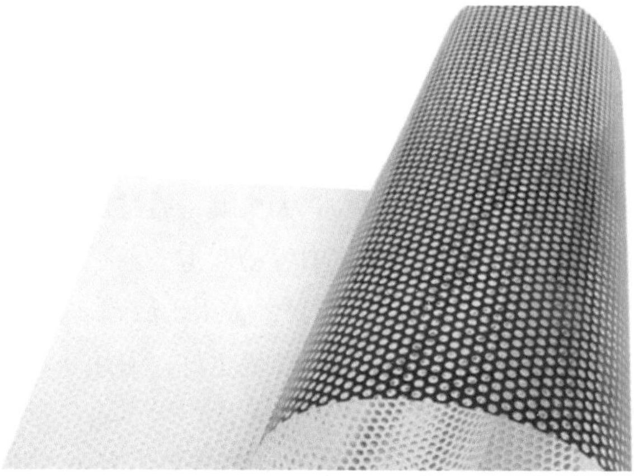

图1-12　单孔透（1）

图1-13　单孔透（2）

7.KT板

（1）产品介绍

KT板是一种由聚苯乙烯（Polystyrene，缩写PS）颗粒发泡生成板芯，经过表面覆膜压合而成的一种新型材料。

（2）产品特点

①轻便，重量较轻，便于搬运和安装。

②易于加工，可以用美工刀等工具进行切割，容易塑造出各类形状。

③成本较低，价格相对较为经济实惠。

④KT板常见规格有900 mm×2400 mm×5 mm，1200 mm×2400 mm×5 mm。

（3）产品种类

①冷板，也叫“冷复合板”。其面皮较硬，通常是PVC膜，在常温下通过胶水将板心和面皮贴合在一起，冷板的起泡概率较小，价格较低。

②热板，也叫“热复合板”。其面皮通常为PS膜，通过设备在高温下将板芯和面皮贴合。热板相对更脆，在运输和使用过程中容易起泡。

③纸面KT板，表面为纸面，整体比较轻软，常用于展示、促销等临时性广告。

④高密度KT板，硬度和抗压性能比普通KT板更好，可用于长期展示或需要较高强度的场景。

⑤彩色KT板，有多种颜色可供选择，能满足不同的装饰和展示需求。

⑥背胶KT板，在普通KT板的背面贴上背胶，使其具有黏性，方便粘贴使用。

（4）产品适用领域

①广告宣传

用于制作各类广告展板、海报、促销牌等，在商场、超市、店铺等场所展示商品信息和促销活动。

②展示展览

用于各类展览、展会中，作为展示架的面板等。

③会议活动

可制作会议背景板、指示牌、活动展板。

④文化艺术

用于艺术创作、手工制作、舞台布景等。

（5）产品图示

产品如图1-14、图1-15所示。

图 1-14　KT板（1）

图 1-15　KT板（2）

8.PP板

（1）产品介绍

PP板，又称聚丙烯板，是一种半结晶性材料。

（2）产品特点

①密度小，重量较轻。

②耐受能力强，具有较好的机械性能。

③耐腐蚀，能抵抗多种酸、碱、盐和有机溶剂的侵蚀。

④耐热性好，在较高温度下仍能保持一定的性能。

⑤电绝缘性能优良，是一种良好的绝缘材料。

（3）产品适用领域

①广告展板

PP板可以被切割、印刷成各种形状和尺寸的展板，用于展示广告信息、宣传海报等。

②灯箱面板

经过特殊处理的PP板具有良好的透光性和耐候性，可作为灯箱面板。

③标识牌制作

可用于制作室内外的标识牌，如方向指示牌、店铺招聘信息牌等。

④活动展示道具

在促销活动、展览等场合，可用于制作临时的展示架、展示台等道具。

（4）产品图示

产品如图1-16、图1-17、图1-18所示。

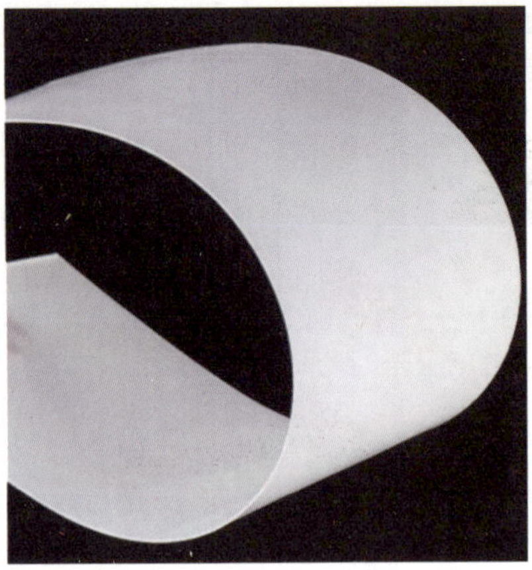

图1-16　PP板（1）

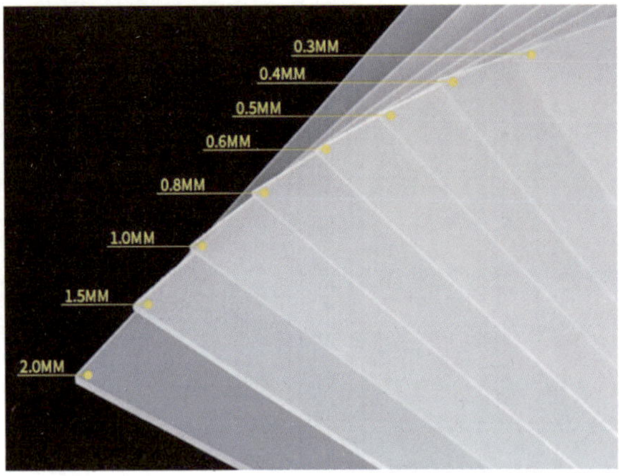

图1-17　PP板（2）

图1-18　PP板（3）

9.亚克力板

（1）产品介绍

亚克力板是一种优质、高端的广告材料。

（2）产品特点

①透明度好，透光率高达92%，光线柔和、视觉清晰。

②耐候性高，对自然环境适应性很强，即使长时间暴露在阳光下、风雨中，也不会发生明显的性能变化，抗老化性能好。

③可塑性强，既可以采用热成型，也可以用机械加工的方式。

④颜色丰富，可以通过染色实现各种色彩效果。

⑤尺寸多样，有2 mm、3 mm、5 mm、8 mm等不同尺寸，可根据需求定制尺寸。

（3）产品切割方法

①机械类：常见的有雕刻机、电锯、激光切割机，这些工具的切割效果都很好，省时省力。

②手工类：手工切割亚克力板需要使用勾刀，事先规划好亚克力板，然后用勾刀割住亚克力板的二分之一，之后用手掰断即可。

③亚克力板折弯：用鼓风烘箱将板材烘软，当温度处于140 ℃～160 ℃时便可成型。寻找一根小角铁，这个小角铁需和将要折弯的亚克力板长度一致，用夹子将角铁固定于亚克力板上，一同放至开水中，或以电吹风沿着角铁的直角边吹，之后再放至平面上压紧握一下即可。

（4）产品适用领域

①招牌和灯箱

亚克力板具有出色的透光性，常用于制作招牌和灯箱，尤其是发光招牌和内置灯光的灯箱，能实现明亮、均匀的照明效果，吸引人们的注意力。

②展示架和陈列道具

可以被加工成各种形状和尺寸的展示架，用其展示商品，能突出产品的特点和优势。

③标识和指示牌

用于制作室内外的标识和指示牌，其清晰的外观和耐久性能够确保信息的准确传达。

④广告字

可制作立体的广告字，通过雕刻、热弯、粘接等环节，形成独特的字体形状和效果。

（5）产品图示

产品如图1-19、图1-20、图1-21、图1-22所示。

图1-19　亚克力板（1）

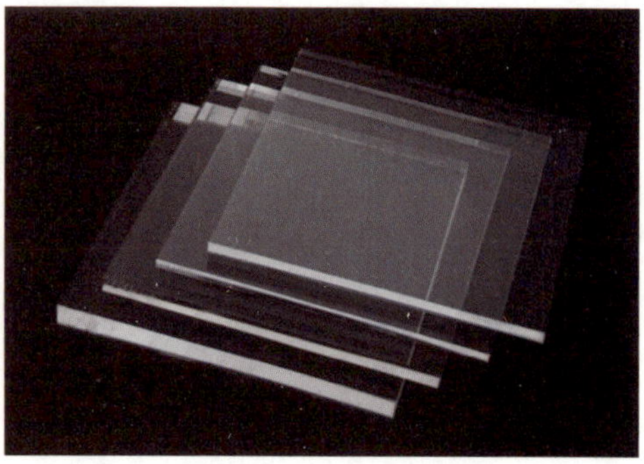

图1-20　亚克力板（2）

图1-21　亚克力板（3）

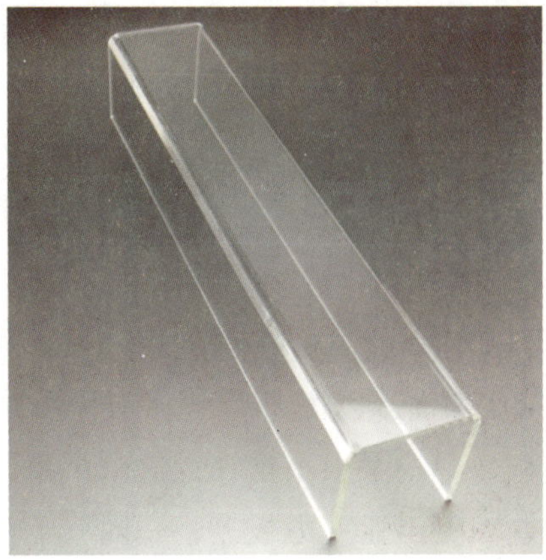

图1-22　亚克力板（4）

10. PVC板

（1）产品介绍

PVC板是以PVC为原料制成的板材。

（2）产品特点

①防水、防潮，不易吸水，可在潮湿环境中使用。

②耐腐蚀，能抵抗酸、碱等化学物质的侵蚀。

③稳定性好，不易变形，尺寸稳定性较强。

④隔音、隔热，有一定的隔音和隔热效果。

（3）产品适用领域

①展板和展示牌

可制作各类室内外的展板、展示牌，用于展示产品信息、活动内容等。

②灯箱面板

具有良好的透光性，作为灯箱的面板，能使灯箱内的光线均匀透出，增强广告效果。

③广告字的背板

可作为广告字（如发光字、立体字）的背板，为广告字提供支撑和安装基础。

④宣传栏和公告栏

用于制作社区、学校、企业等的宣传栏和公告栏。

⑤活动场景布置

可用来搭建临时性的装饰结构或背景板。

⑥店铺装饰

可用于天花板、墙面的局部装饰，营造独特的商业氛围。

（4）产品图示

产品如图1-23、图1-24所示。

图1-23　PVC板（1）

图1-24　PVC板（2）

11.镜面板

（1）产品介绍

镜面板是指表面通过抛光处理工艺，使其表面具有类似镜子般的高光泽度和平整度的板材。

（2）产品种类

①不锈钢镜面板，具有强度高、耐腐蚀、耐高温等特点。

②亚克力镜面板，重量轻、不易破碎、易于加工。

③玻璃镜面板，透明度高，反射效果清晰。

（3）产品适用领域

①建筑装饰

能增加室内空间的明亮度和视觉开阔度。

②商业展示

用于展示柜、店铺装修，可吸引顾客注意力，提升展品、品牌形象。

③广告标识

用于制作广告标识牌、标志等。

（4）产品图示

产品如图1-25、图1-26、图1-27所示。

图 1-25　镜面板（1）

图 1-26　镜面板（2）

图 1-27　镜面板（3）

12. 双色板

（1）产品介绍

双色板是一种以 ABS 为基材，通过丝网刮漆烘干或压聚金属固化物（如：金、银等）等工艺生产的一种新型柔性装饰、装潢材料。

（2）产品特点

①颜色丰富，有多种颜色组合可供选择，能满足不同的设计和装饰需求。

②装饰性强，能够为产品或标识增添艺术效果。

（3）产品适用领域

①标识牌制作

用于制作各种室内外的标识牌，如科室牌、楼层指示牌、警示牌等。其颜色鲜艳持久，能清晰传达信息。

②胸牌和工号牌

可以雕刻出个性化的图案和文字，展现员工的身份和单位信息。

③广告字

双色板常用于制作立体的广告字，通过雕刻和拼接，形成独特的字体效果。

④展示架和陈列道具

用于制作小型的展示架、产品陈列道具，能起到突出展示产品或宣传资料的作用。

⑤装饰图案

可加工成各种装饰性的图案，用于装饰店面、办公室等场所。

（4）产品图示

产品如图1-28、图1-29所示。

图1-28　双色板（1）

图1-29　双色板（2）

13. **铝塑板**

（1）产品介绍

铝塑板是由经过化学处理的涂装铝板为表层材料，用聚乙烯塑料为芯材，在专用铝塑板生产设备上加工而成的复合材料。

（2）产品特点

①耐受能力强，具有较好的抗弯强度和抗风压性。

②易加工，可以根据需要进行切割、折弯、钻孔等加工。

③装饰性好，表面颜色丰富、图案多样、能够满足不同的装饰需求。

（3）产品适用领域

①户外广告牌

铝塑板具有良好的耐候性和耐腐蚀性，在户外的各种气候条件下，也能长时间保持广告牌的外观和色彩。

②店面招牌

可以制作出各种形状和尺寸的招牌，通过印刷、贴膜等工艺展示店铺的名称、标识和宣传信息，吸引顾客。

③灯箱面板

铝塑板平整度高，透光性较好，作为灯箱的面板材料，能使灯光均匀透出，增强广告效果。

④展示架和展板

用于商场、展览等场所的展示架和展板，展示产品信息或宣传内容。

（4）产品图示

产品如图1-30所示。

图1-30 铝塑板

14. 亮光板

（1）产品介绍

亮光板一般是指亚克力亮光板，是以亚克力为主要原料制作的板材。

（2）产品特点

①透明度高，透光率高达92%，具有良好的采光效果。

②表面光滑平整、光泽度高，具有良好的装饰效果。

③耐候性高，对自然环境适应性强，在一定程度上耐酸、耐碱、耐盐雾等。

④可塑性高，可以通过切割、钻孔、折弯、热成型等多种方式进行加工，能满足不同的设计和使用需求。

（3）产品适用领域

①广告灯箱

常用于制作室内外广告灯箱的面板。

②标识招牌

可用于商场、酒店、写字楼等场所的标识和招牌制作。

③展示陈列

可用于商场展示架、展示柜等。

（4）产品图示

产品如图1-31、图1-32所示。

图1-31　亮光板（1）

图1-32　亮光板（2）

15. 反光膜

（1）产品介绍

反光膜是一种采用特殊的工艺将由玻璃微珠形成的反射层和PVC、PU等高分子材料相结合形成的一种新颖的反光材料。

（2）产品特点

①反光性优异，反光膜可以将光线按原路反射回光源处，在夜间或低光照条件

下具有显著的反光效果，增强目标物的可视性。

②耐候性高，具有一定耐高（低）温、耐水、耐紫外线、耐酸碱等的性能，能够在不同的环境条件下保持良好的反光效果和物理性能。

③柔韧性好，可弯曲、折叠、便于加工，能应用在不同形状和曲面的物体上。

（3）产品适用领域

①交通标志

可用于制作道路上的各类交通标志，如指示标志、禁令标志、警告标志等。

②工业领域

可制成工业设备和机械的标识，提高设备的可见性。

③广告宣传

制作户外广告牌、海报等，在夜间或光线较暗的环境下可引起人们的注意。

（4）产品图示

产品如图1-33、图1-34所示。

图1-33　反光膜（1）

图1-34　反光膜（2）

16.反光喷绘布

（1）产品介绍

反光喷绘布又称晶彩格，是一种新型的可喷绘的反光材料。

（2）产品特点

①反光性优异，在光线较暗的环境下，只要有光源照射，就能够产生强烈的反光效果，大大提高了可视性。

②色彩鲜艳，经过喷绘后的晶彩格，色彩表现鲜艳、逼真，能够呈现出清晰、亮丽的图案和文字。

③柔韧性好，具有一定的柔软度和可弯曲性，可以贴合在不同的形状和曲面的物体表面。

④耐受能力强，具有较高的抗拉伸和抗撕裂强度，不易损坏，使用寿命较长。

（3）产品适用领域

①户外广告

用于制作大型广告牌、灯箱广告、车身广告等，在夜间或低光照条件下依然清晰可见，增强广告的传播效果和吸引力。

②展览展示

可制成展览海报、展示架背景、活动宣传画面等。

③交通设施

制作道路反光标志、交通导向牌等。

（4）产品图示

产品如图1-35、图1-36所示。

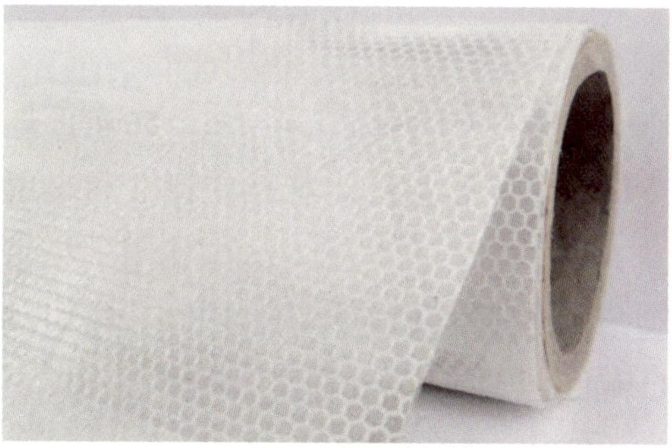

图1-35　晶彩格（1）

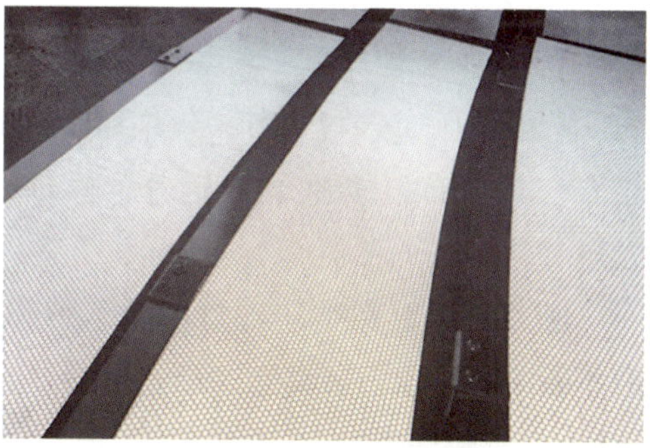

图1-36　晶彩格（2）

任务拓展

拍照收集身边由塑料类广告材料制成的广告产品。

任务二　布类广告材料

任务介绍

基于实际应用的需求，全面了解广告材料中布类材料如：油画布、写真布、丝绢布、外光灯布、内光灯布、双面可喷布、550哑面灯箱布、条幅布、旗帜布、户内旗帜布、户外旗帜布等的特性和应用领域。通过学习此任务，学生要能根据广告制作的需求选择合适材料。

任务描述

掌握油画布、写真布、丝绢布、外光灯布、内光灯布、双面可喷布、550哑面灯箱布、条幅布、旗帜布、户内旗帜布、户外旗帜布等布类广告材料的特性和应用领域。

通过对以上布类广告材料的学习和了解，全面掌握其相关知识。同时，我们还应不断关注行业发展动态，改进并提高自己的技能，以适应市场需求。

相关知识

1.油画布

（1）产品介绍

油画布具有一定的纹理和吸水性，能够承载油墨并使其附着和干燥，是一种常用于广告制作的材料。

（2）产品特点

①色彩表现力强，能够呈现出鲜艳、逼真的色彩效果，使广告画面更具吸引力。

②耐候性强，具有一定的抗紫外线、防水、防潮等性能，不易褪色和变形。

③质感独特，表面纹理可以增加画面的艺术感和立体感。

④稳定性高，尺寸相对稳定，不易收缩或伸展，能保证广告画面的平整度。

⑤吸墨性佳，能较好地吸收和固定油墨或颜料，确保图像的清晰度和细节表现。

（3）产品种类

①纯棉油画布：质感较好，吸墨性强，色彩还原度高，但是价格通常较高。

②亚麻油画布：纹理独特，耐受能力强，耐久性好，但是成本较高，常用于高端广告制作。

③化纤油画布：价格相对较低，强度较好，但是吸墨能力和色彩表现相对较弱。

(4)产品适用领域

①户外广告

用于大型广告牌、建筑围挡、灯箱广告等。由于油画布具有一定的耐候性和抗拉伸性，能够在户外广告中长时间保持良好的展示效果。

②展览展示

用于各种展会、活动现场的背景墙、展示架等，油画布可以呈现出高质量的图像和色彩，营造出吸引人的展示氛围。

③艺术展览和画廊

用于展示艺术作品的复制或宣传海报。

④商业空间装饰

用于商场、店铺内部的墙面装饰、悬挂广告等，为商业空间增添独特的视觉效果。

⑤活动舞台布置

可用于在舞台背景、幕布等方面，为活动增添视觉冲击力。

（5）产品图示

产品如图1-37所示。

图1-37　油画布

2. 写真布

（1）产品介绍

写真布是一种用于写真喷绘的广告材料，它以化纤为主要原料。写真布表面经过特殊处理，能够很好的吸收和承载墨水，使打印出来的图像色彩鲜艳、清晰、细节丰富。

（2）产品特点

①色彩鲜艳，能够真实地还原图像的色彩，视觉效果良好。

②柔韧性佳，质地柔软，可弯曲、折叠、易于裁剪和安装，能适应不同的形状和尺寸的展示需求。

③吸墨性好，对墨水有较好的吸收能力，使得打印出的图像清晰、细腻，不易出现晕染和掉色现象。

④轻便易携，重量较轻，方便搬运和运输，降低了操作成本和难度。

⑤便于拼接，可以根据需要将多块写真布拼接在一起，形成较大的画面。

（3）产品种类

①化纤写真布：即普通写真布，价格相对较低，具有一定的柔韧性，常用于室内广告。

②纯棉写真布：质感柔软，吸墨性能好，色彩还原度高，但是价格相对较高，常用于复制对画面质量要求较高的艺术作品或高端展览。

③涤棉写真布：结合了化纤布和纯棉布的优点，具有较好的耐水性、柔韧性和色彩表现力，深受设计师青睐。

（4）写真布的应用领域

①商业广告

用于制作商场促销活动的海报、店铺内的宣传画、新品推荐等。

②展览展示

在展会中作为展板画面或横幅、条幅等。

③室内装饰

可用于家庭、办公室、酒店等场所的墙壁装饰画。

④舞台背景

用于布置演出、活动的舞台背景。

⑤展示摄影作品

摄影师常用写真布来展示摄影作品。

⑤宣传企业文化

用于公司内部的文化墙、宣传栏等。

⑦教育培训

可制成培训机构的宣传海报，展示教学活动、教学安排等内容。

5. 产品图示

产品如图1-38所示。

图 1-38　写真布

3. 丝绢布

（1）产品介绍

丝绢布又称银雕布或高光白画布，是以丝质为原材料制作而成的布。

（2）产品特点

①色泽亮丽，高光银雕布保留了绸缎的丝光光泽效果，打印画面有光泽，亮丽；哑光银雕布则具有柔和的光泽。

②质地柔软，具有一定的柔韧性。

③色彩鲜艳，能够呈现出鲜艳的色彩，图像解析度高，画面颗粒密度高。

④防水性能较好，短期展示不用额外覆膜。

（3）产品适用领域

①室内装饰

可作为办公室、酒店等室内场所的条幅、横幅等装饰。

②艺术写真

适合制作艺术写真，展现出独特的艺术效果。

③广告宣传

用于 X 展架、易拉宝、广告演示图等。

④影楼

用于影楼及高档商业宣传广告等。

⑤展览展示

可用于各类展览、展示活动中的挂画等。

（4）产品图示

产品如图1-39所示。

图1-39　丝绢布

4.外光灯布

（1）产品介绍

外光灯布，又称户外灯箱布，是一种常用于户外广告灯箱制作的材料。

（2）产品特点

①耐候性强，能够经受住户外各种气候条件的考验，如阳光暴晒、雨水冲刷、风吹等，不易褪色、变形和破裂。

②耐受能力强，能够承受较大的拉力和张力，不易撕裂。

③透光性好，可以让灯光均匀地透过，能利用外部灯光进行照明，使广告画面在夜间或光线较暗的环境中也能清晰明亮。

④色彩表现力强，能够呈现出鲜艳、准确的色彩，保证广告的视觉效果。

⑤防火性较好，具有一定的防火性能。

⑥易于安装和维护，重量相对较轻，便于安装在灯箱框架上，方便清洁或更换。

（3）产品适用领域

①商业广告

可用于户外大型商业广告牌和店铺招牌灯箱上，能吸引过往行人的注意力，宣传品牌和产品。

②交通领域

可用于高速公路旁、城市道路的路灯灯箱或公交站台灯箱上，展示交通指示、公益宣传以及商业广告。

③体育场馆

用于体育场周边或内部的灯箱上，以展示赛事信息及赞助商广告等。

④展览会场

在户外展览区域的灯箱中，展示展会的主题、活动安排和参展商信息。

⑤旅游景区

用于景区入口或游客中心等地的灯箱上，提供景区地图、景点介绍和相关服务信息。

⑥城市景观

可作为城市夜景照明和美化的一部分，为城市增添亮丽的色彩。

⑦加油站

在加油站的灯箱上展示促销活动和相关服务信息。

⑧社区和公共场所

用于公园、广场等地的灯箱上，展示公益宣传、社区活动通知等。

（4）产品图示

产品如图1-40、图1-41所示。

图1-40 外光灯布（1）

图1-41 外光灯布（2）

5. 内光灯布

（1）产品介绍

内灯光布，又称内打光灯布，是一种常用于室内灯箱广告的照明展示材料。

（2）内光灯布的特点

①透光性好，能让灯光均匀地穿透，使展示画面在灯光照射下明亮、清晰，色

彩鲜艳。

②分辨率高，可以呈现出精细的图像和细节，保证高质量的视觉效果。

③柔韧性好，易于裁剪和安装，能够适应不同形状和尺寸的灯箱。

④平整度高，安装在灯箱内时表面平整，不会出现褶皱或凹凸不平的情况，确保画面美观。

⑤色彩还原度佳，能够准确显示出设计的颜色，使广告宣传更具吸引力。

（3）产品适用领域

①商场和超市

用于商场及超市的促销灯箱或品牌展示灯箱等。

②地铁站和机场

在地铁站或机场室内的导向标识灯箱及商业广告灯箱中使用。

③展览馆和博物馆

在展览馆、博物馆等地用来展示展品信息、展览主题等。

④酒店和餐厅

用于营造室内氛围，展示特色菜品、服务项目等。

⑤银行和金融机构

用于宣传金融产品和服务。

⑥写字楼和办公场所

用于企业形象宣传、内部通知等的灯箱。

⑦电影院和剧院

用于展示影片信息、演出海报等。

（4）产品图示

产品如图1-42所示。

图1-42　内光灯布

6. 双面可喷布

（1）产品介绍

双面可喷布是一种特殊的喷绘材料，其特点是布料正反两面均能被印刷，并且两面都能呈现出高质量、清晰、鲜艳、持久的喷绘图像或文字。这种材料通常具有良好的吸墨性、平整度、机械强度以及耐候性。

（2）产品特点

①具有双面喷绘功能，双面可喷布最显著的特点是可以在布料的正反两面进行高质量的喷绘，能在双面展示相同或不同的内容。

②清晰度高，能够呈现出清晰、细腻的图像和文字，细节表现出色。

③色彩鲜艳，具有良好的色彩还原能力，可使喷绘出的颜色鲜艳、生动。

④耐候性高，能适应各种户外环境，如阳光暴晒、雨水冲刷、温度变化等，不易褪色、变形或损坏。

⑤柔韧性好，质地柔软，易于折叠、弯曲和悬挂，适用于不同形状和尺寸的展示载体。

⑥耐受能力强，在使用和安装过程中，不易被拉扯撕裂，具有较好的耐用性。

⑦吸墨性佳，能够均匀吸收喷墨，保证墨水的快速干燥和图像的稳定性。

⑧轻便易安装，重量相对较轻，安装操作较为简便，节省人力和时间成本。

（3）产品适用领域

①户外广告

可制成灯杆旗、道旗等，在道路两侧双面展示广告内容，增加曝光度。

②商场展示

用于中庭吊挂、隔断等，从不同方向吸引顾客的注意力。

③展览展示

用于展览场馆内，作为隔断或独立的展示道具。

④舞台背景

用于舞台搭建，能创造独特的视觉效果。

⑤交通设施

可作为地铁站、公交站的指示牌等。

⑥建筑装饰

用于建筑物的外立面装饰或内部空间的分隔装饰。

⑦活动现场

用于布置体育赛事、音乐节、发布会等活动现场。

⑧门店招牌

店铺可用双面可喷布制作独特的招牌。

（4）产品图示

产品如图1-43、图1-44所示。

图1-43 双面可喷布

图1-44 双面可喷布

7. 550喷绘布

（1）产品介绍

550喷绘布主要是由PVC（聚氯乙烯）制成。550喷绘布的厚度适中，550通常代表它的每平方米克重约550克，这种厚度使得它在户外环境中有一定的耐用性。它的正面通常是光滑的，有利于喷绘，能够让喷绘出的图案和文字色彩鲜艳、清晰，并且可以保持较长时间不褪色，这使它非常适合户外广告的制作。

（2）产品特点

①耐受能力强，具有较好的抗拉强度和抗撕裂性能，耐用性较高。

②良好的打印适应性，能够适应多种印刷方式，保证图像的清晰度和色彩的准确性。

③遮光性好，有助于在灯箱内部提供均匀的照明效果，减少光线的散射和漏光。

④耐候性高，可以在户外环境中使用，能够抵抗紫外线、雨水、风沙等的侵蚀。

（3）产品适用领域

①户外广告

可用于大型广告牌、建筑外墙广告、高速公路旁的广告位等。

②商业招牌

用于店铺门头招牌、商场标识牌等。

③展览展示

可在各类展会和展馆中制成展板或背景墙等。

④公交站台广告

可制成公交站台广告，提供品牌宣传及促销信息。

⑤体育场馆

可以制作场馆内、外的广告和标识。

⑥城市景观

可制成路灯杆上的广告等来美化城市景观。

（4）产品图示

产品如图1-45所示。

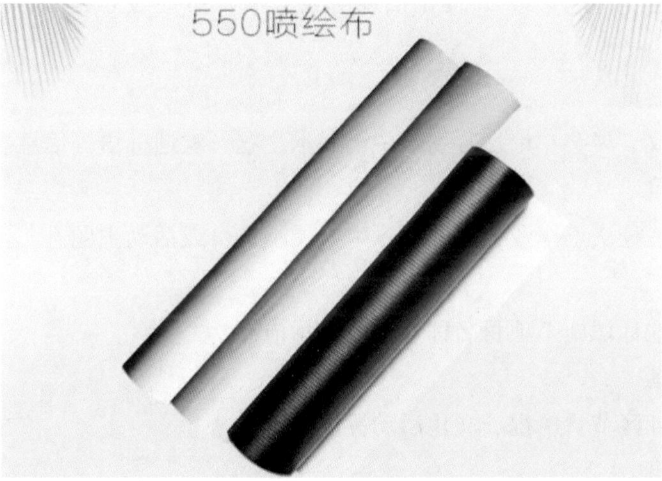

图1-45　550哑面灯箱布

8.条幅布

（1）产品介绍

条幅布是应用最广泛也在需求量上是最大的布类耗材之一，主要用于户内外条幅，旗帜，幔帘，布景画面等。

（2）产品特点

①材质轻便，重量相对较轻，便于运输、悬挂和存储。

②柔韧性佳，能够轻松弯曲和折叠，适应不同的悬挂方式和形状。

③耐候性高，能在一定程度上抵御阳光、雨水等自然因素的侵蚀，不易褪色和损坏。

④吸墨性强，利于印刷或书写清晰、鲜艳的文字和图案，且墨水能够快速干燥、固定。

⑤成本较低，价格相对较为经济实惠，适合大规模制作和使用。

(6) 便于裁剪，可根据需求定制。

⑦安装简便，通过绳索、夹子等简单工具就能完成悬挂和固定。

（3）条幅布的材质

①牛津布：具有较高的强度和耐磨性，质地相对较厚，耐候性较好。

②春亚纺：面料轻薄，手感柔软，具有较好的防水性能。

③经编布：具有较强的拉伸强度和抗撕裂性能，表面较为平整。

④贡缎：质地厚实，光泽度较好，视觉效果较为高档。

（4）产品适用领域

①商业活动

在新店开业、周年庆典、促销活动等场景中，可通过悬挂条幅布来吸引顾客，宣传活动信息。

②会议和展览

在各类会议、展会、论坛等场景中，展示主题、欢迎标语等信息。

③校园场景

在运动会、校庆、毕业典礼等场景中，展示口号或活动主题。

④建筑施工

在施工场地标识施工项目名称、安全警示语等。

⑤社区活动

用于展示社区节日庆祝、文化活动等。

⑥体育赛事

可用于展示赛事名称和相关信息，为比赛加油助威。

⑦农村和乡镇

用于集市活动、民俗节庆等。

（5）产品图示

产品如图1-46所示。

图1-46　条幅布

9.旗帜布

（1）产品介绍

旗帜布是一种专门用于制作旗帜的布料，它的材质通常是聚酯纤维。

（2）产品特点

①耐候性高，能够承受各种天气条件如阳光暴晒、雨水侵蚀、大风等的影响，不易褪色、变形或损坏。

②色彩鲜艳持久，采用优质的染料和印染工艺，使颜色鲜艳且能长时间保持。

③轻便柔软，重量较轻，质地柔软，便于携带和悬挂，在风中能自然飘动。

④具有一定的弹性和强度，不易被撕裂或扯破。

⑤透气性适中，既能保证在风中飘动的效果，又不会过于透气影响图案和颜色的显示。

⑥印刷适应性佳，适合各种印刷技术，能清晰准确地呈现复杂的图案、文字和标志。

⑦易清洁和维护，表面相对光滑，容易清洁污渍和灰尘。

（3）产品适用领域

①国家和地区象征

其所制成的国旗、区旗等，代表着一个国家或地区的主权和身份。

②体育赛事

制成各类运动会、锦标赛上的队旗、会旗等，能增强团队的凝聚力和荣誉感。

③商业宣传

可制成企业品牌旗帜、产品推广旗帜，用于吸引消费者的注意力。

④文化活动

可作为音乐节、艺术节、民俗庆典等活动中的主题旗帜。

⑤学校和教育机构

制成校旗、运动会旗帜等，展示学校的形象和精神。

⑥旅游景区

可作为景点的标识或引导旗帜。

⑦大型活动现场

在幕式、闭幕式等场合，用于营造氛围和指示方向。

（4）产品图片参考

产品如图1–47、图1–48所示。

图1-47　旗帜布（1）

图1-48　旗帜布（2）

10.户内旗帜布

（1）产品介绍

户内旗帜布由化纤丝线经过不同的织造方法织造而成。可热转印，可喷绘，可丝印，材质轻便，是一种具有较好防水性能的广告材料，常用于户内的旗帜制作。

（2）产品特点

①防水性能较好，能够在一定程度上防止水分渗透，使其在潮湿环境或可能接触到水的情况下，仍能保持旗帜的外观和质量。

②色彩鲜艳，可以呈现出鲜艳亮丽的颜色，使旗帜上的图案和文字更加醒目。

③短期户外使用无需覆膜，在短期的户外使用中，可不进行覆膜处理。

（3）产品适用领域

①商场促销活动

可以制作各种促销旗帜，吸引顾客的注意力。

②展会展示

在室内展览中作为展位的标识旗帜或宣传旗帜。

③企业内部活动

用于年会、团建活动中，以展示企业形象和活动主题。

④学校和教育机构

在运动会、校庆、文艺演出等活动中使用。

⑤体育场馆

在室内体育赛事或活动中，作为队旗、助威旗帜等。

⑥摄影工作室和影楼

在摄影工作中作为拍摄背景或道具。

（4）产品图片参考

产品如图1-49、图1-50所示。

图 1-49　户内旗帜布（1）

图 1-50　户内旗帜布（2）

11. 户外旗帜布

（1）产品介绍

户外旗帜布是一种专门为户外使用而设计的布料，材质主要包括尼龙、聚酯等。这些材料具有较高的机械强度和耐磨性，能够抵御风雨侵蚀，适应户外环境。

（2）产品特点

①耐候性高，能够承受长期的阳光暴晒、风吹雨打、温度变化等户外环境因素，不易褪色、老化和脆化。

②防水性好，能有效防止雨水渗透，使旗帜在潮湿天气中仍能保持良好的展示效果，且不会因吸水而增重，从而影响悬挂效果。

③抗风性能佳，质地坚韧，具有一定的弹性和抗拉伸能力，在强风环境中不易撕裂或变形。

④显色性高，能长时间保持原有色泽。

⑤轻便柔软，便于折叠、携带和安装。

⑥透气性适度，既能保证旗帜在风中的飘动效果，又不会因材料过薄而影响图案的清晰度。

⑦比较耐磨，不易磨损。

⑧易于印刷和加工，能够适应各种印刷技术，使图案和文字清晰、精确地呈现出来。

（3）产品印刷工艺

①数码喷印

这是一种较为常见且先进的印刷方式。通过数码喷头将墨水直接喷射到旗帜布上，能够印刷出高精度、高清晰度的图像和复杂的色彩过渡，适合小批量、个性化和多色彩的印刷。

②热转印

热转印是先将图案印刷在热转印纸上，然后通过加热和压力将图案转印到旗帜布上的印刷方式。这种方法可以实现色彩鲜艳、持久的印刷效果，尤其适合大面积的纯色印刷。

③丝网印刷

丝网印刷通过丝网版将油墨透过网孔印在旗帜布上的印刷方式。适用于印刷简单的图案、文字和大面积的实色，成本相对较低，但在色彩渐变和细节表现上可能不如数码喷印。

（4）产品适用领域

①商业宣传

企业用于品牌推广、产品促销等活动，如在店铺门口、商场外、车展等地悬挂旗帜。

②体育赛事

在体育场馆、比赛现场，展示参赛队伍的标志、口号，以及赛事的相关信息。

③文化活动

音乐节、艺术节、展会等活动现场，营造氛围和指示方向。

④旅游景区

展示景区的特色景点、活动信息和引导游客。

⑤道路和交通

路边的道旗可以用于宣传交通规则、城市形象等。

（5）产品图示

产品如图1–51所示。

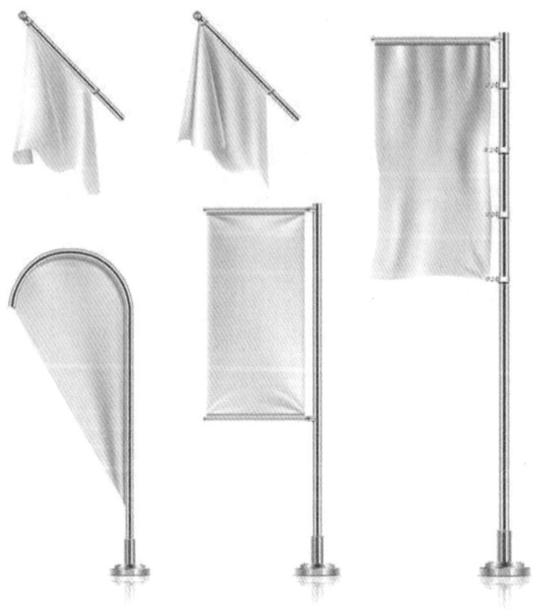

图1–51　户外旗帜布

任务拓展

拍照收集身边由布类广告材料制成的广告产品。

任务三　纸类广告材料

任务介绍

基于实际应用的需求，全面了解纸类广告材料，如背胶纸、铜版纸、相纸、PP纸、哑粉纸、新闻纸、硫酸纸、珠光纸等的特性和应用领域。通过学习此次任务，学生要能根据广告制作的需求选择合适材料。

任务描述

掌握背胶纸、铜版纸、相纸、PP纸、哑粉纸、新闻纸、硫酸纸、珠光纸等材料的概念、特性与适用领域。

通过对以上纸类广告材料的学习和了解，全面掌握其相关知识。同时，我们还应不断关注行业发展动态，改进并提高自己的技能，以适应市场需求。

相关知识

1. 背胶纸

（1）产品介绍

背胶纸是一种在纸张背面预先涂了胶粘剂的特殊纸品。

（2）产品特点

①自带黏性强，背面涂有优质胶粘剂，粘贴牢固且持久。

②材质丰富，涵盖多种厚度、质地和光泽度，满足多样化需求。

③印刷效果佳，能呈现清晰、鲜艳、细腻的图案与文字。

④防水性较好，在一定程度上可抵御水的侵蚀。

⑤易于裁剪，方便根据不同尺寸和形状进行加工。

（3）产品适用领域

①广告宣传

用于制作大幅海报、精美宣传单、灯箱广告等。

②标识标签

可制成商品标签、价格标签、警示标识、指示标识等。

③装饰装潢

适用于室内墙面装饰，如家具表面贴饰、门窗装饰等。

④手工产品

可在各类创意手工项目中大量使用，如手工贺卡、相册装饰等。

⑤办公场景

可制成文件标签、便签贴等，提高工作效率。

⑥展览展示

能制作展板、展示架上的图文信息。

（4）产品图示

产品如图1-52、图1-53所示。

图1-52 背胶纸（1）

图1-53背胶纸（2）

2.铜版纸

（1）产品介绍

铜板纸又称印刷涂布纸，是在原纸表面涂一层白色涂料，经超级压光加工而成。

（2）产品特点

①表面光滑平整，纸面细腻光洁，平滑度高，光泽度优良。

②白纸质均匀紧密，使得印刷后的图文色彩鲜艳、清晰逼真，色彩还原度好。

③吸墨性适中，印刷时油墨能够均匀地附着在纸面上，干燥速度适中，保证了印刷质量。

④机械强度较高，具有良好的耐折度和抗撕裂性能，不易破损，便于加工和使用。

（3）产品适用领域

①宣传资料

可用于制作企业宣传册、产品说明书及促销海报等。

②书本杂志

常用于画册、摄影集、艺术书籍的封面和内页。

③包装及名片

可用于制作一些高档商品包装盒的表面印刷，也可制成名片。

（4）产品图示

产品如图1-54、图1-55所示。

图1-54 铜版纸（1）

图1-55 铜版纸（2）

3.相纸

（1）产品介绍

相纸，又被称为感光印纸、照相纸和印相纸，根据其输出影像的方式被分为三大种类，分别为传统意义上的银盐冲印相纸、喷墨打印相纸和印刷相纸。

（2）产品特点

①分辨率高，能展现照片的细微细节，如人物发丝、衣物纹理等，图像清晰锐利。

②色彩还原度高，精准再现丰富且逼真的色彩，从鲜艳到淡雅，层次过渡细腻。

③光泽度良好，让照片具备明亮生动的外观，增强视觉吸引力和立体感。

④具有防水性，能有效阻挡水分渗透，保护图像，利于长期保存。

⑤厚度适中，挺度良好，便于拿取、存放，质感较好。

（3）产品适用领域

①专业摄影

摄影师能用其展示作品、参加展览。

②摄影爱好者

可用于冲印个人拍摄的照片，制作相册或装裱展示。

③商业宣传

可制成广告海报或产品手册。

④艺术创作

能为艺术家的图像创作提供优质的呈现媒介。

⑤证件照

能保证清晰、准确且高质量的成像效果。

（4）产品图示

产品如图1-56、图1-57所示。

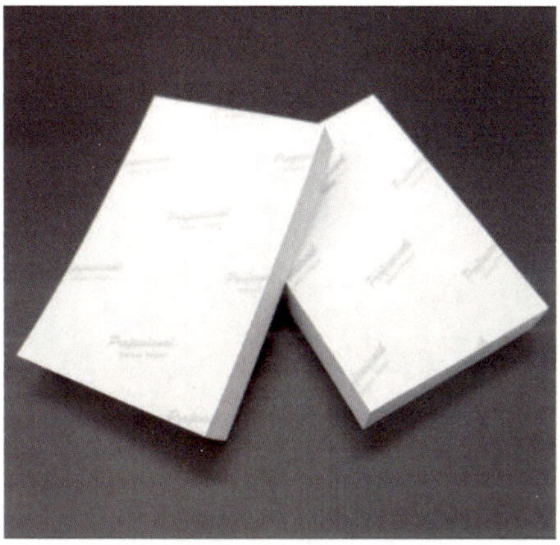

图1-56　相纸（1）

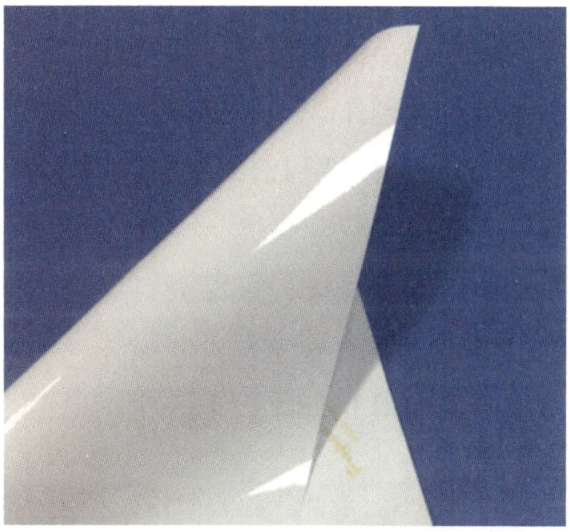

图1-57　相纸（2）

4.PP纸

（1）产品介绍

PP纸是一种合成纸，是由聚丙烯树脂、聚乙烯树脂与天然石粉等主要原料混合压制而成，具有塑料的某些特性，又具备纸张的质感，是一种新型环保材料。

（2）产品特点

①材质轻便，重量轻，便于携带。

②防水防潮，不易受环境湿度影响。

③耐磨损，表面较为耐磨，不易损坏。

④印刷效果好，能够呈现出清晰、鲜艳的图案和文字。

⑤环保可回收，原料来源及生产过程不会造成环境的破坏，产品可回收再利用，即使被焚烧处理也不会产生有毒气体，符合现代环保要求。

（3）产品适用领域

①广告宣传

用于制作海报、灯箱片、车身广告、展板等，以展示产品信息、促销活动等。

②室内装饰

可作为壁纸、壁画、装饰画等，为室内空间增添美观和个性。

③展览展示

在各类展会、展览馆中，制成展板或展品说明等。

④摄影输出

可将摄影作品打印在 PP 纸上，用于展览或装饰。

⑤商业标识

可制成商场、店铺的标识牌或指示牌等。

⑥包装领域

用于产品的包装设计和装饰。

⑦艺术创作

艺术家可以用 PP 纸进行绘画、手工创作等。

⑧教育领域

作为教学海报、宣传资料等的制作材料。

（4）产品图示

产品如图 1–58、图 1–59 所示。

图 1–58　PP 纸（1）

图 1–59　PP 纸（2）

5. 哑粉纸

（1）产品介绍

哑粉纸是一种印刷纸张。它是在原纸表面涂上一层哑光的涂料，这种涂料让纸张没有明显的光泽，表面呈现出细腻柔和的哑光效果。哑粉纸的纸质平滑度高，能使印刷的色彩和细节很好地还原，油墨附着效果佳，印刷出来的图文清晰、精美。

（2）产品特点

①阅读舒适性高，表面哑光，没有铜版纸的高光泽度，视觉上较为柔和，更适合长时间阅读。

②质感细腻，纸面平滑，触感良好。

③色彩表现力强，能较好地呈现色彩的饱和度和层次感。

④吸墨性适中，印刷时油墨干燥速度适中，不易出现油墨扩散现象。

（3）产品适用领域

①画册和书籍

由于其质感好、印刷效果细腻，常用于高品质的画册、艺术书籍、摄影集等，能够很好地展现图片和文字的细节。

②宣传单页和折页

适用于需要传达较为精致、高端形象的产品或服务宣传单页和折页。

③名片

能体现出独特的质感和专业性，使名片更具吸引力。

④贺卡和邀请函

用于制作精美的贺卡及婚礼邀请函等。

⑤封面设计

可制成杂志封面、笔记本封面等，提升整体的品质感。

（4）产品图示

产品如图1-60、图1-61所示。

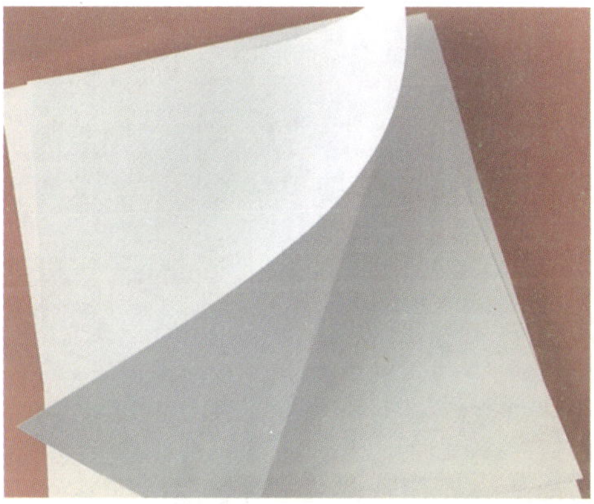

图1-60　哑粉纸（1）

图1-61　哑粉纸（2）

6.新闻纸

（1）产品介绍

新闻纸是以机械木浆（或其他化学浆）为原料生产的纸张，是报刊及书籍的主要用纸。

（2）产品特点

①纸质疏松，新闻纸的纤维结构较为疏松，孔隙较大。

②吸墨性好，能够快速吸收油墨，使印刷的文字和图片迅速干燥。

③重量较轻，纸张相对轻薄，便于运输和处理。

④成本较低，价格较为低廉，适合大量印刷。

⑤白度较低，颜色通常不是很白，略显灰黄。

⑥抗拉强度和耐折度相对较低，在使用和保存过程中容易破损。

⑦不宜长期保存，容易受湿度、光线等环境因素影响，变黄、变脆。

（3）产品适用领域

①报纸印刷

这是新闻纸最主要的应用领域，用于印刷各类报纸。

②新闻传单和快报

一些临时性的新闻传单、快报等也会使用新闻纸进行印刷。

③部分简易的宣传资料

可制成一些时效性较强、对印刷质量要求不太高的宣传单或宣传册。

④小型出版物

用于某些内部发行的简讯、简报等。

（4）产品图示

产品如图1-62、图1-63所示。

图1-62　新闻纸（1）

图1-63　新闻纸（2）

7.硫酸纸

（1）产品介绍

硫酸纸是一种用于工程描图及晒版使用的半透明纸。质地坚实、密致而稍微透明，主要成分是植物纤维。

（2）产品特点

①透明度高，具有较好的透光性，可在纸上面进行描图、绘图或重叠展示多层图纸。

②质地较为坚韧，有一定的强度和耐折性能，不易破裂。

③具有一定的防水性，不易受潮变形。

④表面较为平滑，利于书写和印刷。

（3）产品适用领域

①工程制图

常用于建筑设计、机械设计等工程领域的图纸绘制和复制。

②印刷制版

作为印刷制版中的转印材料。

③艺术创作

用于呈现绘画、书法等艺术作品的底稿制作或特殊效果。

④包装设计

可用于制作包装样品或展示包装的结构。

⑤手工制作

可制作贺卡、书签、装饰卡片等。

⑥文档保护

覆盖在重要文件上，能防止其受到磨损和污染。

（4）产品图示

产品如图1–64、图1–65所示。

图1–64　硫酸纸（1）

图1–65　硫酸纸（2）

8. 珠光纸

（1）产品介绍

珠光纸是一种表面具有珠光效果的特种纸。它是通过在纸张表面添加特殊的涂层，使纸张呈现出类似珍珠般的光泽和细腻质感。这种光泽通常是柔和而均匀的，能够赋予印刷品独特的视觉效果和艺术感。

（2）产品特点

①具有独特的光泽效果，表面有细腻的珠光质感，光泽柔和，能显著提升印刷品的视觉吸引力。

②色彩表现力强，能够增强色彩的饱和度和对比度，使印刷出来的颜色更加鲜艳、逼真。

③平滑度高，纸面光滑平整，有助于增加印刷的清晰度和精度，减少墨点扩散。

④挺度较好，纸张具有较好的挺括度，不易弯曲变形，利于加工和使用。

⑤具有一定的防水性，不易因潮湿而受损。

⑥具有环保性，部分珠光纸采用环保材料和生产工艺，符合环保要求。

⑦适用于多种印刷方式，如胶印、凹印、丝印等。

（3）产品适用领域

①高档画册和宣传册

珠光纸独特的光泽和色彩表现力能够让画册和宣传册显得更加精美、高档，吸引读者的注意力。

②贺卡和邀请函

可以为贺卡和邀请函增添浪漫、温馨和庄重的氛围，更具仪式感。

③包装行业

用于化妆品包装、礼品盒包装、食品包装等，提升产品的档次和吸引力。

④书籍封面和装帧

使书籍在外观上更具特色，增加书籍的卖点。

⑤名片制作

打造独特、高品质的名片，给人留下深刻的印象。

⑥艺术作品复制

能够较好地展现艺术作品的细节和色彩，用于艺术品的复制和印刷。

（4）产品图示

产品如图1-66、图1-67所示。

图1-66　珠光纸（1）

图1-67　珠光纸（2）

任务拓展

1. 拍照收集身边由纸类广告材料制成的广告产品。

2. 为咖啡店设计广告，包括宣传海报和名片。请根据以下要求进行设计。

（1）宣传海报

要求：①尺寸为 A2（420 mm×594 mm）。

②选用合适的纸类材料，并说明所选纸张的名称、特点及选择原因。

③设计需突出咖啡店的特色饮品和舒适环境，色彩搭配应协调。

④需明确说明咖啡店的名称、地址、联系方式和营业时间。

（2）名片

要求：①尺寸为 90 mm×54 mm。

②挑选适合的纸类材料，并说明所选纸张的名称、特点及选择原因。

任务四　金属类广告材料

任务介绍

基于实际应用的需求，全面了解广告材料中金属类的铝板、铜板、铁板、铝合金板等材料的特性和应用领域。通过学习此任务，学生要能根据广告制作的需求选择合适材料。

任务描述

掌握铝板、铜板、铁板、铝合金板等材料的特性和应用领域。通过对以上金属类广告材料的学习和了解，全面掌握其相关知识。同时，我们应不断关注行业发展动态，改进并提高自己的技能，以适应市场需求。

相关知识

1.铝板

（1）产品介绍

铝板是指用铝锭轧制加工而成的矩形板材。

（2）产品特点

①质量轻，密度较小，重量相对较轻，便于搬运和安装。

②耐腐蚀性好，表面有一层氧化膜，能够抵抗多种腐蚀介质的侵蚀。

③具有良好的导电性和导热性，在电子、电器等领域具有优势。

④加工性能优良，易于进行切割、冲压、折弯等多种加工方式。

⑤有一定的美观性，表面经过处理可以获得各种颜色和光泽，具有较好的装饰效果。

（3）产品适用领域

①广告牌

可制作大型户外广告牌的面板，其耐候性和强度能保证广告牌在户外长期使用。

②标识牌

企业标识、店铺招牌、路牌等，铝板可以通过切割、冲压、折弯等工艺制成各种形状和尺寸的标识牌。

③灯箱

作为灯箱的框架或面板材料，铝板的平整度和稳定性有助于提高灯箱的展示效果和使用寿命。

④展示架

用于搭建商场、展会等场所的展示架，轻便且坚固。

⑤宣传栏

用于制作社区、学校、企业等的宣传栏框架和面板。

（4）产品图示

产品如图1-68、图1-69所示。

图1-68　铝板（1）

图1-69　铝板（2）

2. 铜板

（1）产品介绍

铜板是一种以铜为主要成分的金属板材。

（2）产品特点

①具有良好的导电性和导热性。

②耐腐蚀，对大气和水具有一定的耐蚀能力。

③延展性好，易于加工和成型，可以被拉伸、冲压、轧制等。

④有一定的美观性，具有独特的金属色泽，外观美观。

（3）产品适用领域

①标识和招牌

铜板可以制作出高档、精致的标识和招牌，适用于商场、酒店、写字楼等场所，能够提升品牌形象和场所的档次。

②奖牌和奖杯

用于制作各种比赛、活动的奖牌和奖杯，其独特的质感和色泽能体现出荣誉的价值。

③蚀刻工艺品

通过蚀刻工艺在铜板上创作精美的图案和文字，可作为艺术品或广告赠品。

④展示道具

用于展示架的边框或展示板的装饰部分等，增加展示的质感和吸引力。

⑤高端广告装饰

如一些奢侈品牌的专卖店内部装饰，或者特定主题活动的装饰元素。

（4）产品图示

产品如图1-70、图1-71所示。

图1-70　铜板（1）

图1-71　铜板（2）

3.铁板

（1）产品介绍

铁板是一种常见的金属板材，通常由铁或含铁合金制成。

（2）产品特点

①耐受能力强，能够承受较大的载荷和压力。

②具有磁性，可用于电磁相关的应用。

③可焊接，通过适当的工艺可以进行焊接，方便连接和组装。

④易于加工，能够通过切割、冲压、折弯、钻孔等多种加工方法制成各种形状和结构。

⑤成本相对较低，原材料丰富，价格较为经济实惠。。

（3）产品适用领域

①室外广告牌

可以用于制作各种类型的室外广告牌，如悬挂式、立式、墙壁式等。

②建筑外墙

可以用于建筑外墙的装饰，起到防水、防晒、抗腐蚀等作用。

③店招门头

可以用于制作店招门头，其轻便、坚固的特性使其易于安装和维护。

④灯箱广告

可以用于制作各种类型的灯箱广告，如悬挂式、立式、墙壁式等。铁板表面可以进行烤漆、镀锌等处理，以达到防水、防晒抗腐蚀等效果。

⑤车身广告

可以用于制作车身广告，其轻便、坚固的特性使其易于安装和维护。

⑥展览展示

可以用于展览展示，如展板、展架等。铁板表面可以进行烤漆、镀锌等处理，以增加其装饰性和抗腐蚀性。

⑦标牌标识

可以用于制作各种类型的标牌标识，如指示牌、警告牌等。

⑧创意装饰

可以用于创意装饰，如艺术装置、雕塑等。

（4）产品图示

产品如图1–72、图1–73所示。

图1–72　铁板（1）

图1–73　铁板（2）

4. 铝合金板

（1）产品介绍

铝合金板是以铝合金为材料制成的板。铝合金是由铝为基础，添加一定量的其他合金元素（如铜、镁、锌、硅等）经过熔炼、铸造、轧制等工艺处理而成。铝合金板具有铝合金的一系列特性，被广泛应用于多个领域，其优异的性能和多样化的特点深受设计师青睐。

（2）产品特点

①重量较轻，密度相对较小，使得铝合金板便于运输和安装。

②耐受能力强，通过合金化和热处理等工艺，可以获得较高的强度，满足多种结构需求。

③耐腐蚀，表面有一层氧化膜，能有效抵抗大气、水和化学物质的侵蚀。

④具有良好的可塑性，可通过轧制、挤压、冲压、锻造等多种工艺进行加工。

⑤较为美观，经过表面处理可以获得丰富的颜色和光泽，具有较好的装饰性。

（3）产品适用领域

①广告牌框架

用于构建户外广告牌的框架结构，其强度和耐候性能够确保广告牌的稳固和持久。

②灯箱框架和面板

可制作灯箱的边框和面板，提供支撑和展示表面。

③展示器材

可制成展示架、展板等，轻便且坚固，方便移动和布置。

④标识牌

可作为各类标识牌的材料，经过切割、冲压、折弯等加工工艺制成各种形状和尺寸的标识。

⑤宣传栏

能构成宣传栏的主体结构，具备耐用和美观的特点。

⑥立体字和造型

通过加工和焊接，可以打造出立体的广告字和独特的造型。

⑦活动舞台搭建

可在一些临时的广告活动和舞台搭建中使用。

（4）产品图示

产品如图1–74、图1–75所示。

图 1-74 铝合金板（1）

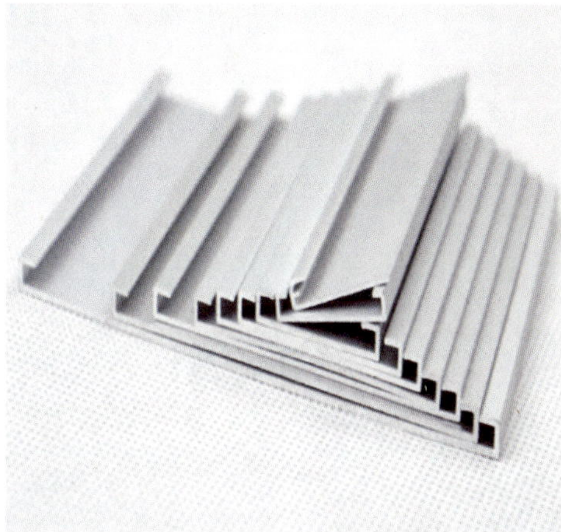

图 1-75 铝合金板（2）

任务拓展

1. 拍照收集身边由金属类广告材料制成的广告产品。

2. 为一家新开的高端珠宝店制作一个长 3 米、宽 2 米的户外广告招牌。可选金属材料有：不锈钢板（每平方米 500 元，耐腐蚀性强但重）和铝板（每平方米 300 元，轻但强度稍弱）。要求：

（1）考虑招牌的长期使用效果、外观美观度和安装难度等因素，选择合适的金属材料，并说明选择理由。

（2）计算所需材料的成本。

（3）设计招牌的基本图案和文字布局，并说明应用哪种加工工艺（如切割、焊接、折弯等）实现设计。

项目二

常见广告制作工艺

思政讲堂

广告制作工艺，是连接创意与现实的桥梁，它是工匠精神与创新精神的完美融合。每一道工序、每一种材料的选择，都凝聚着设计师的心血和智慧。在这个过程中，我们要以敬业、专注、创新的态度对待广告制作。我们要秉持诚信原则，确保广告内容真实可靠，不误导消费者，以实际行动践行社会主义核心价值观。同时，广告制作工艺也是文化传承与创新的载体，我们可以通过广告展现中华优秀传统文化的魅力，增强民族自豪感和文化自信。让我们在常见广告制作工艺的学习与实践中，不断提升自己的专业素养和思政水平，为推动广告行业的健康发展贡献自己的力量。

项目介绍

（1）认识广告制作工艺中焊接、激光雕刻、UV印刷、各种字的特点、材质。

（2）熟悉广告制作工艺中焊接、激光雕刻、UV印刷、各种字的制作步骤及注意事项。

（3）掌握广告制作工艺中各种字的制作步骤及应用领域。

任务一 焊接、激光雕刻、UV印刷工艺

任务介绍

基于实际应用的需求，全面了解广告工艺中焊接、激光雕刻、UV印刷等工艺的概念、制作步骤和注意事项。通过学习此任务，学生要能根据广告制作的需求选择合适的工艺。

任务描述

掌握焊接、激光雕刻、UV印刷等工艺的概念、制作步骤和注意事项。

通过对以上广告工艺的学习和了解，全面掌握其相关知识。同时，我们应不断关注行业发展动态，改进并提高自己的技能，以适应市场需求。

相关知识

1.焊接

(1) 焊接工艺的基本概念

焊接是一种以加热、高温或者高压的方式接合金属或其他热塑性材料的制造工艺。焊接使工件的原子间产生结合力，将分离的材料连接在一起。常见的焊接方法有熔焊、压焊和钎焊等。

图2-1 焊接

（2）焊接工艺的分类

①熔焊

利用局部加热使连接处的金属融化再加入（或不加入）填充金属而结合的方法。

②压焊

焊接过程中，必须对焊件施加压力，以完成焊接的方法称为压焊。

③钎焊

采用比母材金属熔点低的金属材料作钎料，将焊件和钎料加热到高于钎料熔点、低于母材溶化温度，利用液态钎料润湿母材，填充接头间隙并与母材相互扩散实现连接焊件的方法。

（3）焊接工艺的步骤

①准备工作

选择适合焊件材质、厚度及结构的焊接方法和相应设备。仔细清理焊件表面的油污、锈迹和氧化层等杂物，为焊接质量提供保障。精确加工焊件的坡口，确保装配时焊件与坡口之间的间隙均匀一致，角度准确。

②焊件装配

严格按照设计要求进行焊件的装配，保证焊件的位置和角度准确无误。必要的情况下，使用牢固可靠的夹具对焊件进行固定，防止焊件在焊接过程中发生移动或变形。

③焊接操作

依据所选的焊接方法，采用恰当的引弧方式，如划擦引弧或者直击引弧。精准控制焊接电弧的长度和角度，保持稳定适宜的焊接速度。按照预先制定的焊接顺序进行操作，焊接过程中注重层间的清理工作，并合理控制道间温度。

④焊后工作

及时去除焊缝表面的熔渣和飞溅物等杂质。对焊缝进行全面的外观检查，仔细核查焊缝的尺寸、形状以及表面是否存在缺陷。对于重要的焊件，要进行专业的无损检测，如射线探伤、超声波探伤等。根据实际需要，对焊件进行焊后热处理，如退火、正火等操作，以优化焊缝和焊件的性能。

（4）焊接的注意事项

①安全防护

a.佩戴防护眼镜、手套、工作服等个人防护装备，防止电弧光、高温、飞溅物等对人体造成伤害。

b.确保工作场所通风良好，排除焊接产生的有害气体。

②设备检查

a.焊接前检查焊接设备是否能正常运行，电线、电缆是否完好，接地是否可靠。

b.定期对焊接设备进行维护和保养，确保其性能稳定。

③焊接材料选择

a.根据焊件的材料、力学性能要求等选择合适的焊接材料，如焊条、焊丝的型号和规格。

b.焊接材料应存放在干燥、通风良好的地方，防止受潮、变质。

④焊接工艺参数

a.严格按照焊接工艺规程设置焊接电流、电压、焊接速度等参数，避免参数不当导致焊接缺陷。

b.根据焊件的厚度、接头形式等调整工艺参数。

⑤预热和后热

a.对于一些厚板或高碳钢焊件，可能需要进行预热，以减少焊接应力和防止裂纹产生。

b.某些焊件在焊接后可能需要进行后热处理，以改善焊缝的性能。

⑥焊缝质量控制

a.焊接过程中要注意观察焊缝的成形情况，及时发现和处理焊接缺陷，如气孔、夹渣、裂纹等。

b.对重要的焊缝进行无损检测，如X射线探伤、超声波探伤等，确保焊缝质量符合要求。

2.激光雕刻

（1）激光雕刻的基本概念

激光雕刻是利用激光束的高能量密度特性，对材料进行烧蚀、气化等作用，从而在材料表面刻画出图案、文字或进行立体雕刻的一种加工工艺。

（2）激光雕刻的特点

①加工精度高，能够实现非常精细的雕刻，细节表现力强。

②非接触式加工，激光束不与材料直接接触，不会对材料造成机械压力，减少了材料的变形和损伤。

③加工速度快，可以快速完成复杂图案的雕刻，提高生产效率。

④适用性广，适用于多种材料，如木材、塑料、皮革、金属、玻璃、石材等。

⑤雕刻内容可定制，能够根据设计要求轻松实现个性化的雕刻。

（3）激光雕刻的步骤

①设计图案

使用专业的图形设计软件，如Adobe Illustrator、CorelDRAW等，创建或导入需要雕刻的图案。

②材料准备

将待雕刻的材料平整放置并固定在激光雕刻机的工作台上，确保其在雕刻过程中不会移动或晃动。

③设备设置

根据材料的类型、厚度以及雕刻要求，在激光雕刻机的控制系统中设置合适的激光功率、雕刻速度、焦距等参数。

④对焦

调整激光头与材料表面的距离，使激光焦点准确落在雕刻位置上。

⑤开始雕刻

确认各项设置无误后，启动激光雕刻机进行雕刻。

⑥检查成品

雕刻完成后，取下材料，检查雕刻效果，如有需要可进行适当的修整。

（4）激光雕刻的安全注意事项

①防护装备

操作人员应佩戴专用的防护眼镜，以防止激光对眼睛造成伤害。

②通风良好

确保工作场所通风良好，能及时排出激光雕刻过程中产生的有害气体和烟尘。

③避免反射

注意检查工作环境中是否存在可能反射激光的物体，如有应及时清除，
以免造成意外伤害。

④设备维护

定期对激光雕刻机进行检查和维护，确保设备正常运行，避免因设备出现故障而导致安全问题。

⑤培训操作

操作人员应经过专业培训，熟悉设备的操作方法和安全规程。

⑥警示标识

在激光雕刻机工作区域设置明显的警示标识，禁止无关人员靠近。

3.UV 印刷

（1）UV 印刷工艺的基本概念

UV 印刷是一种通过紫外光干燥固化油墨的印刷技术。

（2）UV 印刷工艺的分类

①UV 胶印

利用传统胶印设备，采用 UV 油墨进行印刷。适用于高质量的画册、海报、包装等印刷品。

②UV 柔印

采用柔性版印刷方式，结合 UV 油墨。常用于印刷标签、塑料袋、餐巾纸等。

③UV 丝印

通过丝网印刷技术，配合 UV 油墨。可在各种材质上进行局部印刷或厚膜印刷，如玻璃、金属、塑料等。

（3）UV 印刷工艺的步骤

①印前准备

包括设计文件处理、选择合适的承印材料、准备印刷版材等。

③设备调试

调整印刷机的各项参数，如压力、速度、墨量等，并确保 UV 固化系统能正常工作。

③上墨

将 UV 油墨加入印刷机的墨槽中。

④印刷

启动印刷机进行印刷操作。

⑤UV 固化

在印刷过程中，通过 UV 灯照射，使油墨瞬间固化。

⑥质量检查

对印刷成品进行质量检查，包括颜色、清晰度、附着力等方面。

（4）UV 印刷工艺的注意事项

①安全防护

操作人员应佩戴防护眼镜和手套，避免直接暴露在 UV 光下。

②通风系统

确保工作环境通风应良好，能及时排出 UV 固化过程中产生的异味和热量。

③油墨存储

油墨应存放在阴凉、干燥且避光的环境中，使用在保质期内的油墨。

④设备维护

定期对印刷设备和 UV 固化系统进行维护和保养，确保其能正常运行。

⑤色彩管理

由于 UV 油墨的特性，在色彩管理方面需要进行专门的调整和控制。

任务拓展

以“青春”二字为主题，运用焊接、激光雕刻或UV印刷工艺中的一种，设计并制作。

具体要求如下。

（1）选择一种工艺，并说明选择的原因。

（2）详细描述设计思路，包括字体风格、颜色搭配、尺寸大小等。

（3）列出所需的工艺材料。

（4）阐述制作过程中的关键步骤和注意事项。

任务二　底板雕刻、无边字、不锈钢包边字制作工艺

任务介绍

基于实际应用的需求，全面了解广告工艺中底板雕刻、无边字、不锈钢包边字等工艺的概念、制作步骤和注意事项。通过学习此任务，学生要能根据广告制作的需求选择合适的工艺。

任务描述

掌握底板雕刻、无边字、不锈钢包边字等工艺的概念、步骤和注意事项。

通过对以上广告工艺的学习和了解，全面掌握其相关知识。同时，我们应不断关注行业发展动态，改进并提高自己的技能，以适应市场需求。

相关知识

1. 底板雕刻

（1）底板雕刻的基本概念

底板雕刻是一种在底板材料上进行刻蚀、切削或雕琢以创造出特定图案、纹理或形状的工艺。

（2）底板雕刻的特点

①雕刻内容可定制，能够根据个人需求和创意，制作出独一无二的作品。

②精度高，可以实现精细、复杂的图案和形状雕刻。

③材料多样，适用于多种不同类型的底板材料。

④艺术表现力强，通过雕刻可以展现出丰富的艺术效果和质感。

（3）底板雕刻的步骤

①设计规划

确定雕刻的图案、样式和尺寸，绘制设计图或使用电脑软件进行设计。

②准备底板

选择合适的底板材料，如木材、塑料、金属等，并对其进行清洁和处理，确保材料表面平整光滑。

③固定底板

将底板固定在雕刻工作台上，防止在雕刻过程中移动。

④选择工具

根据底板材料和雕刻需求，选择合适的雕刻工具，如刀具、钻头、激光头等。

⑤开始雕刻

按照设计图案，使用所选工具进行雕刻操作，控制雕刻的深度、速度和力度。

⑥细节处理

在大致形状雕刻完成后，对细节部分进行精细处理，使作品更加完美。

⑦清理和修整

雕刻完成后，清理底板上的碎屑和杂质，并对表面进行修整和打磨。

⑧上墨

在底板上均匀涂抹油墨，使油墨能够充分渗透到雕刻的线条中。

⑨印刷

将纸张放在底板上，用压力使油墨从底板上转移到纸张上。印刷时要注意压力和速度，保证印刷的质量。

⑩干燥

印刷完成后，需要将印刷品放在干燥的地方晾干，以防止油墨扩散和纸张变形。

⑪检查和修整

检查印刷品的质量，如发现问题，需要对底板进行修整，以保证印刷品的质量。

（4）底板雕刻的注意事项

①安全防护

应佩戴防护眼镜、手套等，避免受伤。

②工具选择

根据底板材质和雕刻精度要求，选择合适的工具。

③操作规范

严格按照雕刻设备操作手册进行操作，避免因操作错误而导致设备损坏或人员受伤。

④材料特性

了解底板材料的特性，如硬度、脆性等，以调整雕刻参数。

⑤通风良好

在雕刻过程中可能会产生粉尘和异味，要确保工作环境通风良好。

（5）产品图示

产品如图2-2所示。

图 2-2　底板雕刻

2. 无边字

（1）无边字的基本概念

无边字是一种广告字，它的主要特点是正面无边，由亚克力面板、金属围边以及 LED 灯源组成。亚克力面板通过胶水与金属围边进行贴合，金属围边通常采用不锈钢、铝等材质。无边字的外观简洁、时尚，发光均匀，亮度高，立体感强。

（2）无边字的特点

①外观精致，字面边缘没有边框，整体简洁美观，具有较高的视觉吸引力。

②发光均匀，LED 灯源组分布均匀，使得字体发光效果均匀柔和。

③节能环保，LED 灯源能耗低，节能环保。

④安装方便，重量相对较轻，安装和维护较为便捷。

⑤适用范围广，无边字常用于门店招牌、商场标识、企业形象墙等场景，能够有效地吸引人们的注意力，提升品牌形象和宣传效果。

（3）无边字的制作步骤

①设计排版

确定字体、大小、颜色和排列方式，通过软件进行排版。

②材料准备

准备亚克力面板、铝边带、LED 模组、胶水等材料。

③面板处理

对亚克力面板进行清洁和打磨，确保表面光滑。

④铝边开槽

使用开槽设备在铝边带上开出适当的槽口。

⑤围边组装

将铝边带围绕亚克力面板边缘进行组装，并用胶水固定。

⑥安装 LED 灯源

将 LED 灯源均匀安装在字壳内部，并连接好线路。

⑦灌胶封底

在字壳底部灌入胶水，进行封底处理。

（4）制作无边字的注意事项

①精度控制

在围边组装过程中，要保证铝边带与亚克力面板的贴合精度，避免出现缝隙和偏差。

②胶水使用

选择合适的胶水，并注意胶水的用量和固化时间，防止出现溢胶或粘连不牢固的情况。

③LED 灯源质量

选用质量可靠的LED灯源，确保其能均匀、稳定、持久的发光。

④安全操作

在进行电气连接时，要遵循安全规范，防止出现触电事故。

（5）产品图示

产品如图2-3、图2-4所示。

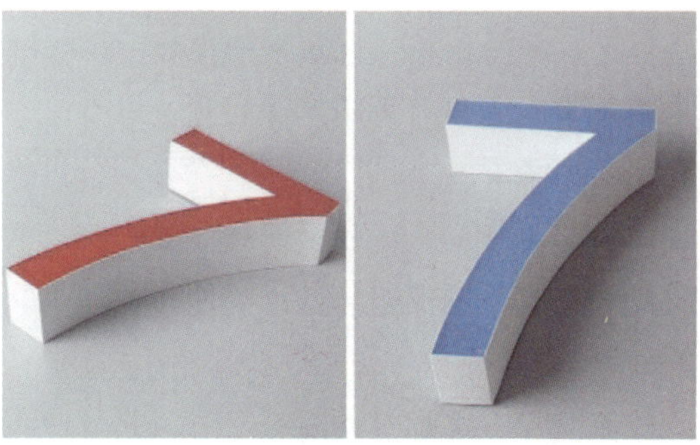

图2-3　无边字（1）

图2-4　无边字（2）

3. 不锈钢包边字

（1）不锈钢包边字的概念

不锈钢包边字是一种常见的广告字，它是由亚克力面板、不锈钢边框以及内置的 LED 灯源组成。亚克力面板通常经过雕刻、切割等工艺处理成所需的字体形状，不锈钢边框则通过折弯、焊接等工艺对亚克力面板进行包边。

（2）不锈钢包边字的特点

①精致美观，不锈钢的金属质感搭配亚克力等材质的字面，外观精致。

②坚固耐用，不锈钢具有良好的耐腐蚀性和强度，使字体能够长期使用。

③立体感强，包边的设计增强了字体的立体感和视觉效果。

④适用范围广，用于商场、酒店、写字楼、店铺招牌等场所，能够起到很好的标识和宣传作用。

（3）不锈钢包边字的制作步骤

①设计与排版

根据客户需求，确定字体、尺寸和样式，进行排版设计。

②材料准备

准备亚克力板或树脂板作为字面材料，不锈钢板材作为包边材料，以及LED灯源、胶水等材料。

③字面制作

将亚克力板或树脂板进行切割、打磨，制作出所需的字面。

④不锈钢包边加工

按照字面的形状和尺寸，对不锈钢板材进行切割、折弯和焊接，形成包边框架。

⑤组装

对制作好的字面嵌入不锈钢包边框架内，使用胶水固定。

⑥安装 LED灯源

在字体内侧安装 LED灯源，并连接好线路。

⑦调试与检测

接通电源，调试灯光效果，检测字体是否正常发光，有无暗区等问题。

（4）制作不锈钢包边字的注意事项

①尺寸精度

在制作过程中，要严格控制各个部件的尺寸精度，确保组装的准确性。

②焊接质量

不锈钢包边的焊接部位要牢固、美观，应无漏焊、虚焊等情况。

③胶水选择

选用质量好、黏性强且适合相关材料的胶水。

④LED灯源质量

选择优质的LED灯源，保证其发光效果及使用寿命。

⑤安全操作

在进行切割、焊接等操作时，要注意个人安全防护，避免受伤。

⑥防水处理

如果用于户外，需做好字体的防水处理，避免因雨水侵入而导致字体故障。

（5）产品图示

产品如图2-5所示。

图2-5　不锈钢包边字

任务拓展

制作一个边长为30 cm的正方形不锈钢包边字“福”，发光颜色为红色。具体要求如下。

（1）详细列出所需的材料清单及规格。

（2）描述加工步骤。

（3）列出焊接不锈钢包边框架时的关键步骤。

任务三　冲孔字、3D打印发光字、水晶字制作工艺

任务介绍

基于实际应用的需求，全面了解广告工艺中冲孔字、3D打印字、水晶字等工艺的概念、制作步骤和注意事项。通过学习此任务，学生要能根据广告制作的需求选择合适的工艺。

任务描述

掌握冲孔字、3D打印发光字、水晶字等工艺的概念、步骤和注意事项。

通过对以上广告工艺的学习和了解，全面掌握其相关知识。同时，我们应不断关注行业发展动态，改进并提高自己的技能，以适应市场需求。

相关知识

1.冲孔字

（1）冲孔字的基本概念

冲孔字，又称外露发光字。它是在金属板材（通常是铝板、不锈钢板等）上冲孔，然后将LED灯珠外露安装在冲孔位置的一种常见的广告字。

（2）冲孔字的特点

①亮度高，LED灯珠发光亮度高，即使在远距离和光线不佳的环境中也清晰可见。

②节能，LED灯珠能耗低，能有效节省能源成本。

③防风防雨，结构坚固，能够适应户外各种恶劣天气条件。

④内容可定制，可以根据客户需求制作不同字体、颜色和大小的广告字。

⑤可视角度广，从多个角度都能看到清晰的发光效果。

⑥适用范围广，常用于高楼大厦的楼顶大字、大型商业广告牌、高速公路广告牌等户外广告场景。

（3）冲孔字的制作步骤

①设计与排版

确定冲孔字的字体、大小、颜色和布局，使用专业软件进行设计排版。

②材料准备

选择合适的金属板材（如铝板、不锈钢板等）及相应规格的LED灯珠、电线、控制器等材料。

③冲孔

使用冲孔设备在金属板材上按照设计好的位置和孔径进行冲孔。

④焊接围边

将冲孔后的板材进行围边焊接，形成字壳。

⑤安装灯珠

将LED灯珠逐个安装在孔内，并焊接好电线。

⑥连线与测试

将各个灯珠的电线连接到控制器上，进行通电测试，检查有无故障及冲孔字的发光效果。

⑦安装与固定

将制作好的冲孔字安装并固定在预定位置。

（4）制作冲孔字的注意事项

①冲孔精度

冲孔的位置和孔径要准确，以保证灯珠安装整齐、发光均匀。

②焊接牢固

围边焊接要牢固，以防字壳变形或开裂。

③灯珠质量

需选用质量好、亮度高、稳定性强的LED灯珠。

④防水处理

如果用于户外，需做好字壳的防水处理，防止电路短路。

⑤安全用电

在安装和测试过程中，要注意用电安全，遵循操作规范。

⑥运输保护

在运输过程中，要对冲孔字进行妥善包装和保护，避免其因发生碰撞而损坏。

（5）产品图示

产品如图2-6所示。

图2-6　冲孔字

2. 3D打印发光字

（1）3D打印发光字的概念

3D打印发光字是利用3D打印技术制造出来的具有立体形状的字。

（2）3D打印发光字的特点

①内容可定制，可以根据客户的具体需求和设计，打印出各种独特的字体形状、大小和风格。

②环保节能，3D打印发光字在制作过程中减少了粉尘污染和刺激气味的产生。

③精度高，尺寸精度和形状准确性较好。

④材料多样，可使用多种材料，如塑料、树脂、金属等，以满足不同的应用场景和性能要求。

⑤适用范围广，可用作商场、店铺的招牌和个性化装饰字等。

（3）3D打印发光字的制作步骤

①设计建模

使用3D建模软件，如3ds Max、SolidWorks等，设计出所需的字体形状和尺寸。

②模型优化

对设计好的模型进行检查和优化，如壁厚、支撑结构等方面，确保其符合3D打印的要求。

③选择材料和打印机

根据广告字的用途、性能要求和成本等因素，选择合适的3D打印材料和打印机。

④切片设置

将3D模型导入切片软件，设置如层厚、填充密度、打印速度等打印参数。

⑤3D 打印

启动打印机，开始打印。

⑥制作字面

3D 打印发光字的字面制作一般有两种方式。一种是用切割机切割亚克力面板，与字壳相黏；另一种是将字壳放置于灌胶平台上并浇注专用胶，形成多光字字面。

⑦安装灯带

等面板黏合或灌胶凝固后，装入 LED 灯源。

（4）制作 3D 打印发光字的注意事项

①设计的合理性

在设计时要充分考虑 3D 打印的工艺特点，避免出现无法打印或打印效果不佳的情况。

②材料特性

需了解所选材料的物理和化学特性，如强度、耐热性、耐腐蚀性等，以确保广告字能够满足使用要求。

③打印参数

正确设置打印参数，以保证打印质量和效率的平衡。

④支撑结构

需要合理添加支撑结构，以防止打印过程中模型变形，但也要注意支撑结构的去除难度。

⑤后处理工艺

根据材料和打印精度的要求，选择合适的后处理工艺，注意操作安全。

⑥成本控制

3D 打印的成本相对较高，要在设计和制作过程中合理控制成本。

（5）产品图示

产品如图 2-7、图 2-8 所示。

图 2-7　3D 打印发光字（1）

图2-8　3D打印发光字（2）

3.水晶字

（1）水晶字的概念

水晶字是用无影胶将透明亚克力板跟有色亚克力板粘合起来组合而成的一种广告字。

（2）水晶字的特点

①晶莹剔透，具有良好的透明度和光泽，视觉效果优美。

②色彩丰富，可根据需求选择不同颜色的有色亚克力板搭配，色彩鲜艳多样。

③立体感强，通过组合不同厚度的板材，能呈现出较强的立体感。

④适用范围广，常用于室内形象墙、招牌、标识等。

（3）水晶字的制作步骤

①设计排版

确定水晶字的内容、字体、尺寸和颜色，进行排版设计。

②材料准备

准备透明亚克力板和有色亚克力板，以及胶水等材料。

③切割板材

使用激光切割机或机械切割机，将透明亚克力板和有色亚克力板按照设计尺寸进行切割。

④打磨边缘

对切割后的板材边缘进行打磨，使其平整光滑。

⑤粘合组装

在透明亚克力板的边缘涂抹胶水，将有色亚克力板与透明亚克力板粘合在一起，组成水晶字。

⑥清洁整理

去除水晶字表面的胶水残留和污渍，保证其整洁。

（4）制作水晶字的注意事项

①尺寸精度

在切割板材时，要保证尺寸的准确性，以确保组装后的水晶字符合设计要求。

②胶水使用

选择合适的胶水，并注意要将胶水涂抹均匀，避免出现气泡和溢胶现象。

③打磨处理

打磨边缘时要小心操作，防止过度打磨导致板材变薄或破损。

④环境清洁

在制作过程中要保持工作环境的整洁，避免灰尘和杂质附着在板材表面，影响美观。

⑤存放保护

制作完成的水晶字在存放和运输过程中，要做好保护措施，避免发生碰撞和刮擦。

（5）产品图示

产品如图2-9、图2-10所示。

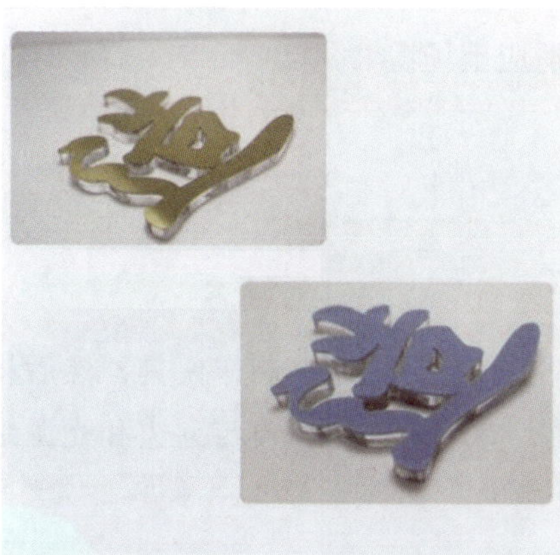

图2-9 水晶字（1）

图2-10 水晶字（2）

任务拓展

为班级设计并制作一个水晶字标志。具体要求如下。

（1）标志设计要体现班级特色，例如班级口号、班级精神等。

（2）选择合适的亚克力板材，包括颜色和厚度，并说明选择理由。

（3）详细描述水晶字的制作步骤，包括设计、雕刻、粘接等环节。

（4）列出制作过程中需要注意的事项，包括把握材料质量、控制精度尺寸等要点。

任务四　吸塑字、精工字、泡沫字、卡布灯箱和拉布灯箱制作工艺

任务介绍

基于实际应用的需求，全面了解广告工艺中吸塑字、精工字、泡沫字、卡布灯箱和拉布灯箱等工艺的概念、步骤和注意事项。通过学习任务，学生要能根据广告制作的需求选择合适的工艺。

任务描述

掌握吸塑字、精工字、泡沫字、卡布灯箱和拉布灯箱等工艺的概念、制作步骤和注意事项。

通过对以上广告工艺的学习和了解，全面掌握其相关知识。同时，我们应不断关注行业发展动态，改进并提高自己的技能，以适应市场需求。

相关知识

1.吸塑字

（1）吸塑字的基本概念

吸塑字是一种塑料加工工艺制作而成的广告字。它是先通过制作模具，然后将亚克力板材加热软化，利用真空吸附于模具表面，冷却后成型，再与围边和光源组合而成的。

（2）吸塑字的特点

①立体效果显著，具有很强的立体感，视觉冲击力强。

②发光均匀，搭配优质的光源，能实现均匀的发光效果。

③耐候性高，亚克力材质具有较好的耐候性，能适应各种环境。

④节能环保，通常采用节能的 LED 光源，能耗低。

⑤适用范围广，可用于店铺招牌、企业形象标识、展示展览、广告宣传等。

（3）吸塑字的制作步骤

①设计排版

根据客户需求确定字体、尺寸和样式，并进行排版设计。

②制作模具

根据设计好的字体，使用木材、石膏等材料制作模具。

③吸塑成型

将亚克力板材通过吸塑机加热软化，吸附在模具上成型。

④修边处理

对吸塑成型后的字体边缘进行修整，使其平整光滑。

⑤围边制作

用金属材料制作围边，并进行焊接或拼接。

⑥安装光源

在字体内安装 LED 灯源，并连接好线路。

⑦组装与调试

将吸塑面板与围边、灯源组装在一起，接通电源进行调试。

（4）制作吸塑字的注意事项

①模具精度

模具的制作精度直接影响吸塑字的质量和形状，要保证模具的准确性和光滑度。

②板材选择

需选用质量好、透明度高的亚克力板材。

③温度控制

在吸塑过程中，要合理控制加热的温度和时间，避免板材过度加热或加热不足。

④围边焊接

围边的焊接要牢固，焊缝要平整、美观。

⑤光源安装

确保 LED 光源安装牢固，线路连接正确，避免出现线路短路和接触不良。

⑥防水处理

如果用于户外，则需做好整体的防水处理，防止雨水侵入而损坏光源或电路。

（5）产品图示

产品如图2-11所示。

图2-11　吸塑字

2.精工字

（1）精工字的基本概念

精工字是一种高品质的广告字。精工字在制作过程中对细节和精度要求较高，通常采用高质量的金属材料，经过多道工序精心打造而成，以展现出精致、美观的效果。

（2）精工字的材料

①不锈钢

a.304 不锈钢：具有良好的耐腐蚀性和抗氧化性，常用于户外和对耐久性要求高的环境。

b.201 不锈钢：价格相对较低，但耐腐蚀性不高。

②钛金：外观华丽，富有金属质感，常用于营造高端、奢华的氛围。

③镀锌板：成本较低，经过表面处理后也能有一定的防锈能力。

④铝板：质地较轻，具有一定的强度，耐腐蚀。

（3）精工字的特点

①精致美观，工艺精细，字体线条流畅，表面光滑，较为美观。

②质量可靠，采用优质材料和精湛工艺，结构稳固，使用寿命长。

③适应性强，可适应不同的环境和安装要求。

④内容可定制，能够根据客户的特定需求进行定制，展现独特的风格。

⑤适用范围广，可用于高端品牌标识、企业形象墙、品牌专卖店等对字体质量和外观要求较高的场合。

（4）精工字的制作步骤

①设计与排版

根据客户需求，确定字体、尺寸和样式，并进行设计排版。

②材料准备

选用优质的金属板材，如不锈钢、钛金、铝板等。

③切割

使用激光切割或数控切割设备，将金属板材切割成所需的字体形状。

④焊接

对切割好的部件进行焊接，组成完整的字体框架。

⑤打磨与抛光

对焊接处和字体表面进行打磨、抛光处理，使其表面平整光滑。

⑥表面处理

根据需要进行喷漆、电镀、拉丝等表面处理，以达到特定的颜色和质感效果。

⑦安装光源

在字体内安装 LED 灯源，并连接线路。

（5）制作精工字的注意事项

①材料质量

选择高质量的金属材料，确保字体的稳定性和耐久性。

②切割精度

保证切割尺寸的准确性，避免因出现误差而影响组装效果。

③焊接牢固

焊接点要牢固，避免出现裂缝或松动。

④表面处理均匀

表面处理时要保证颜色、质感均匀一致，无瑕疵。

⑤安全操作

在切割、焊接等工序中，要注意安全防护，避免事故发生。

（6）产品图示

产品如图 2-11 所示。

图 2-11　精工字

3.泡沫字

（1）泡沫字的基本概念

泡沫字是用泡沫板（通常是聚苯乙烯泡沫板）为主要原料制作而成的广告字。通过对泡沫板进行切割、雕刻、粘贴等加工处理，形成具有特定形状和样式的字。

（2）泡沫字的特点

①成本低廉，泡沫板价格相对较低，制作工艺也较为简单，因此整体成本较低。

②质地轻盈，便于搬运和安装，尤其适用于需要经常移动或安装位置较高的场合。

③易于加工，可以使用简单的工具如刀具、电热丝等进行切割、雕刻，容易塑造出各种形状和字体。

④保温性能，由于泡沫材料本身的特性，因而泡沫字具有一定的保温隔热性能。

⑤适用范围较广，常用于一些临时的宣传活动、室内展示、舞台布置等场景。但它的耐久性较差，不适合长期户外使用。

（3）泡沫字的制作步骤

①设计排版

确定泡沫字的内容、字体、大小和颜色，进行设计排版。

②准备材料

准备相应厚度和尺寸的泡沫板，以及刀具、胶水、颜料等工具和材料。

③切割雕刻

设计好的形状，使用刀具或电热丝对泡沫板进行切割和雕刻。

④打磨修整

将切割和雕刻后的边缘进行打磨，使其平整光滑。

⑤拼接粘贴

如果字的尺寸较大或结构复杂，则需要将字拆分成几部分，再将各部分拼接粘贴在一起。

⑥表面处理

可以根据需要对泡沫字的表面进行涂漆、贴饰等处理。

（4）制作泡沫字的注意事项

①刀具安全

使用刀具时要注意安全，避免受伤。

②防火措施

泡沫板易燃，在制作和使用过程中要注意防火。

③尺寸精度

切割和雕刻时要尽量保证尺寸和形状的精度。

④胶水选择

选用合适的胶水，确保能粘贴牢固。

⑤表面处理均匀

涂漆或贴饰时要保证表面处理均匀，避免出现瑕疵。

⑥存放环境

泡沫字应存放在干燥、通风的环境中，以免字因受潮而变形。

（5）产品图示

产品如图2-12、图2-13所示。

图2-12　泡沫字（1）

图2-13　泡沫字（2）

4.卡布灯箱和拉布灯箱

（1）卡布灯箱和拉布灯箱基本概念

卡布灯箱和拉布灯箱都是广告行业中常用的灯箱，它们在制作工艺、画面材料、安装方式等方面存在一些不同。

卡布灯箱是一种将广告画面嵌入到铝合金边框的卡槽中固定的灯箱。其边框通常为铝合金材质，灯箱内配有LED灯源，画面多采用软膜、3P布等具有柔韧性和高清晰度的材料，画面更换方便，立体感强，常用于室内的商业场所、地铁站、机场等。

拉布灯箱是一种通过在灯箱边框上打孔，用扎带或绳索将广告画面绷紧固定的灯箱。边框多为铝合金，灯箱内也配有LED灯源。画面材质主要是刀刮布等，适合制作大尺寸灯箱，常用于户外大型广告牌、商场外墙、展览馆等场所。

（2）卡布灯箱和拉布灯箱的异同

①结构

卡布灯箱的边框采用铝合金型材，画面通过四边嵌入型材的卡槽进行固定。

拉布灯箱的边框通常也是铝合金材质，但画面是通过四边打扣眼，用扎带或绳子绷紧固定在边框上。

②画面特点

卡布灯箱的画面多为软质材料，画面精度较高，色彩鲜艳，可展示细腻的图案和文字。

拉布灯箱的画面多为刀刮布等材质，材质相对较硬，适合较大尺寸的灯箱，画面平整度较高。

③尺寸

卡布灯箱的尺寸相对较小，一般在 3 米以内。

拉布灯箱可以制作尺寸更大的灯箱，尺寸一般可超过 3 米。

④安装和维护

卡布灯箱的安装较为便捷，更换画面也相对简单。

拉布灯箱的安装过程相对复杂，更换画面时操作难度较大。

⑤价格

一般来说，卡布灯箱的价格相对较高。拉布灯箱在大规模应用时，成本相对较低。

总结：卡布灯箱适合小型、对画面精度要求高的场所；拉布灯箱则适合大型户外广告和大型场所。选择哪种灯箱应根据具体的使用需求和场景来决定。

（3）卡布灯箱和拉布灯箱的制作步骤

卡布灯箱和拉布灯箱的制作步骤大致相同，主要有以下步骤。

①规划设计

确定灯箱的尺寸、形状、画面内容和安装位置，选择卡布或拉布灯箱。

②准备材料

根据灯箱类型，准备相应的边框材料（铝型材）、LED灯源、电源、扩散板（卡布灯箱）、灯箱布（拉布灯箱）、螺丝或扎带、画面等。

③边框加工

卡布灯箱需组装铝合金边框，拉布灯箱则需在边框上打孔。

④安装灯源

将LED灯源均匀安装在边框内部，并连接好电源。

⑤安装扩散板或灯箱布

卡布灯箱需安装好扩散板后将画面嵌入边框卡槽，拉布灯箱则需将灯箱布用螺丝或扎带固定在边框上。

（4）制作卡布灯箱和拉布灯箱的注意事项

①准确测量

在制作和安装前，要精确测量尺寸，确保灯箱与安装位置匹配。

②材料质量

选择优质的边框材料、灯条和灯箱布等材料，保证灯箱的质量。

③安全操作

在安装过程中，需使用合适的工具和防护设备，注意人身安全。

④电源适配

根据灯源的功率和数量，选择合适的电源，避免过载。

⑤防水处理

如果用于户外，要对灯箱进行良好的防水处理，保护内部电路。

⑥画面精度

制作画面时，要保证图像的分辨率和色彩精度，以获得最佳展示效果。

（5）产品图示

产品如图2-14、图2-15、图2-16所示。

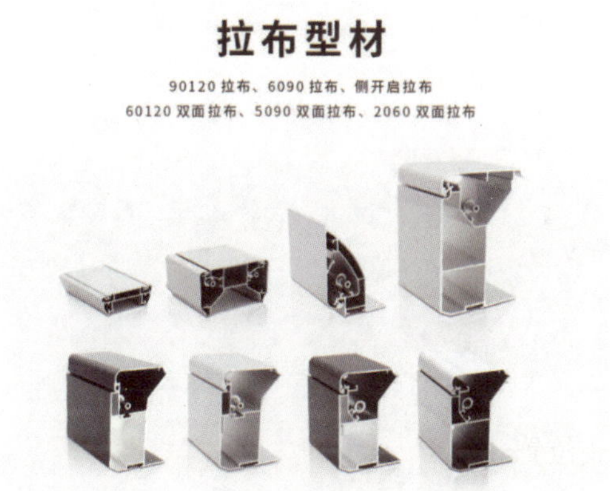

图2-14　拉布灯箱型材

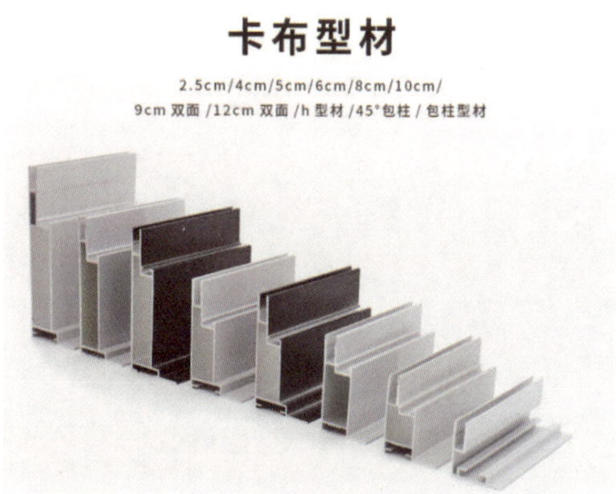

图2-15　卡布灯箱型材

图2-16　卡布灯箱

任务拓展

根据所学工艺，为信息工程学院制作系部标志。具体要求如下。

（1）简洁明了，标志应具有简洁的形态，易于辨认和记忆。

（2）寓意深刻，通过图形、色彩等元素的组合，传达出信息工程学院的内涵和特点。

（3）创新独特，力求在设计上有所突破，展现出学院的创新精神。

项目三

常见广告制作设备

思政讲堂

工匠精神是一种职业精神，包括敬业、精益、专注和创新。敬业即热爱敬畏工作、全身心投入、尽职尽责；精益是追求极致品质，雕琢完善产品与服务，不放过细节瑕疵；专注是工作时心无旁骛、长时间集中精力于一项任务；创新是在传承传统技艺方法基础上探索新思路、新技术、新方法以适应时代发展需求。它在各行业都有重要价值，推动从业者提升技能水平，创造高质量、高价值成果。在广告行业，工匠精神体现为以专注、精益、创新、敬业态度打造高影响力和感染力的广告作品。

项目介绍

（1）认识UV平板打印机、写真机、3D打印机、激光雕刻机、光纤激光切割机、迷你字雕刻机、喷绘机等设备。

（2）熟悉UV平板打印机、写真机、3D打印机、激光雕刻机、光纤激光切割机、迷你字雕刻机、喷绘机等设备的工作原理、特点、适用材料和适用领域。

（3）掌握UV平板打印机、写真机、3D打印机、激光雕刻机、光纤激光切割机、迷你字雕刻机、喷绘机等设备的操作流程和注意事项。

任务一　UV平板打印机

任务介绍

（1）认识UV平板打印机。

（2）熟悉UV平板打印机的工作原理、特点、适用材料和应用领域。

（3）掌握UV平板打印机的操作流程和注意事项。

任务描述

根据任务要求熟悉UV平板打印机设备特点、工作原理、适用材料和应用领域；掌握设备操作流程和注意事项。

UV平板打印机的操作流程示范

相关知识

1. UV平板打印机

UV平板打印机（如图3-1所示）是一种先进的数码印刷设备，可以在不经过制版、套色等传统工序的情况下，直接在各种材质的平板表面打印出精美的文字和图像，具有广泛的应用领域和强大的适应性。

图3-1　UV平板打印机

2. UV平板打印机的特点

（1）打印精度高，能够实现非常精细的图像和文字打印效果。

（2）即打即干，使用UV固化墨水，在打印过程中通过紫外线照射瞬间固化，使得打印过程高效快捷，同时也保证了打印成品耐磨损、耐腐蚀、防水等性能。

（3）色彩丰富，可以打印出逼真、鲜艳的色彩图形。

（4）内容可定制，能满足不同客户的个性化需求，小批量、定制化生产。在广告制作、工业生产、艺术创作等领域都发挥着重要作用。

（5）适用范围广，几乎可以在任何平板材料上进行打印。

3. UV平板打印机的工作原理

（1）打印原理

UV平板打印机采用压电式喷墨打印技术，通过喷头内部的电压将喷孔中的墨水喷射到承印物的表面来实现打印图片的目的。

（2）固化原理

UV灯发射出的紫外线与墨水中的光凝固剂起反应，实现了墨水的快速干燥和凝固。

（3）定位原理

UV平板打印机能精准地控制设备，完成在不同材质、体积、高度、形状上的打印图案。在X轴的定位上，主要依靠光栅解码器，来指挥设备如何横向打印；在Y轴上，主要依靠伺服电机的驱动控制打印材质的长度；在高度的定位上，主要依靠机头的升降功能。基于这三项定位原理，UV平板打印机实现了精确定位印刷。

4. UV平板打印机的适用材料

玻璃、陶瓷、金属、木材、塑料（亚克力板、PVC板、PC板等）、石材、纺织品、纸张、皮革等平板材料。

5. UV平板打印机在广告领域的应用

（1）广告行业

能打印各类灯箱、招牌、标识牌、展板、海报等个性化的广告展示道具。

（2）包装行业

能打印个性化的包装盒、礼品盒。

（3）电子产品行业

打印手机壳、电脑外壳、平板保护套等。

（4）装饰装修

打印背景墙、天花板、地板、门窗等装饰材料。

6. 设备使用软件

这类软件的功能是将文件图像转换为打印机或照排机所需的点阵图像，然后将点阵文件转换为打印机所需要的驱动数据文件，使UV平板打印机能够识别并在材料上打印图形。国内外知名的锐图软件包括锐彩（UltraRip）、蒙泰（MainTop）、Photoprit、ColorMsater、ONYX、TexPrint、Wasatch、FieryXF等。这类软件的操作相对简单，只要按照基本设置进行操作即可。

不同厂家和型号的UV平板打印机可能会使用不同的软件，具体使用那种软件还需要参考设备说明书和厂家的建议。

实践操作

1.图像处理

（1）首先，需要准备要打印的图像文件。可以通过设计软件（如Adobe Photoshop、Adobe Illustrator等）创建或修改图像，确保图像的分辨率、色彩模式、和尺寸符合打印要求。

（2）对图像进行色彩管理和校色，以确保打印出来的颜色准确、鲜艳。

2.准备材料

（1）将待打印的平板材料放置在打印机的工作平台上，确保材料平整、稳定，不会在打印过程中移动。

（2）清理材料表面，去除灰尘、油污或杂质，以保证打印质量。

3.设备调试

（1）根据材料的类型、厚度和打印要求，在打印机控制系统中设置合适的打印参数，如喷头的盖度、打印速度、墨量，UV灯功率等。

（2）进行碰头校准和测试打印，检测碰头是否正常工作，有无堵塞或偏色现象。

4.打印输出

（1）启动打印程序，打印机喷头按照预设的路径和参数在材料表面喷射墨水。

（2）墨水喷射的同时，UV灯照射在墨水上，使其瞬间固化，附着在材料表面。

5.后期处理

（1）打印完成后，需对打印成品进行检查，查看是否有瑕疵、颜色偏差或其他质量问题。

（2）如果需要可以进行一些后期处理，如覆膜、切割、打磨等，以增强打印效果或满足特定需求。

总之，UV平板打印机的印刷工艺需要精确的图形处理、合适的材料准备、准确的设备调试和细致的后期处理，以获得高质量的打印成品。

注意事项

1.环境要求

保持工作环境的清洁，避免灰尘等杂质进入打印机内部，从而影响打印质量和设备寿命。工作环境的温度和湿度应控制在设备规定的范围内，以防止设备故障和墨水固化问题。

2.设备调试

在设备正式打印前，要对设备进行充分的调试，包括喷头校准、色彩校准、打印精度测试。

3.墨水使用

使用厂家指定的UV墨水，不同型号和品牌的墨水不得混合使用，以免发生化学反应影响打印效果和损坏喷头。

4.喷头维护

定期清洁喷头，防止墨水堵塞喷头。清洁时要使用正确的方法和工具，避免损伤喷头。

5.打印操作

打印前应仔细检查文件，确保图像的尺寸、分辨率、色彩等符合要求。打印时应选择合适的打印参数，如打印熟读、墨量、固化强度等，以获得最佳打印效果。

6.平台校准

确保打印平台水平，以保证打印物体与喷头之间的距离均匀，确保打印质量。

7.安全事项

在操作过程中，应遵循设备的安全操作流程，避免发生触电、烫伤等安全事故。

8.关机与保养

打印完成后，要按照正确的步骤关机，让设备有足够的时间进行冷却和自我清洁。应定期对设备进行保养，包括清理墨盒、导轨、传动部件等。

9.设备出现故障时，应及时停止打印，根据故障提示进行初步排查或联系维修人员，不得擅自拆卸设备。

任务拓展

根据此任务，应用UV平板打印机制作一组（3张）室内装饰画挂件。

任务一工单　操作VU平板打印机

1.任务描述

实训任务

尝试用UV平板打印机制作一组（3张）室内装饰画挂件。

任务内容

（1）应用Adobe Illustrator软件制作一组（3张）装饰画，每张大小60 cm×90 cm。

（2）选择合适的打印材料和制作工艺。

（3）操作UV平板打印机印刷。

（4）后期安装。

2.任务分组

班级		组号		指导老师	
组长		学号			
小组成员	姓名	学号	角色分工		
			监护人员		
			操作人员		
			记录人员		
			评分人员		

3.任务实施流程

任务内容	任务要求	验收方式
软件操作	制作优美且符合室内风格的装饰画	效果图
材料选择	选择合适的打印材料和工艺制作材料	材料提交
UV平板打印机相关知识	掌握UV平板打印机的工作原理	材料提交
	掌握UV平板打印机的适用范围和适用材料	材料提交

任务内容	任务要求	验收方式
	掌握UV平板打印机使用软件	实践操作
制作要求	用UV平板打印机制作一组(3张)室内装饰画挂件	成果展示

4.考核评价

序号	技能要求	评分细则	得分	记录
1	软件制作	应用Adobe Illustrator软件制作一组(3张)装饰画	1分	
2	选择材料和工艺	选择合适的打印材料和工艺制作材料	1分	
3	操作UV平板打印机	检查、启动UV平板打印机	1分	
		设备调试	1分	
		打印输出	1分	
		后期处理	1分	
4	成果展示	成果展示	4分	

任务二　写真机

任务介绍

（1）认识写真机。

（2）熟悉写真机的工作原理、特点、适用材料和应用领域。

（3）掌握写真机的操作流程和注意事项。

任务描述

根据任务要求熟悉写真机的特点、工作原理、适用材料和应用领域；掌握设备操作流程和注意事项。

写真机的操作流程示范

相关知识

1. 写真机

写真机（如图3-2所示）是一种大幅面的打印设备，主要用于广告、图文、装饰等领域的图像输出。

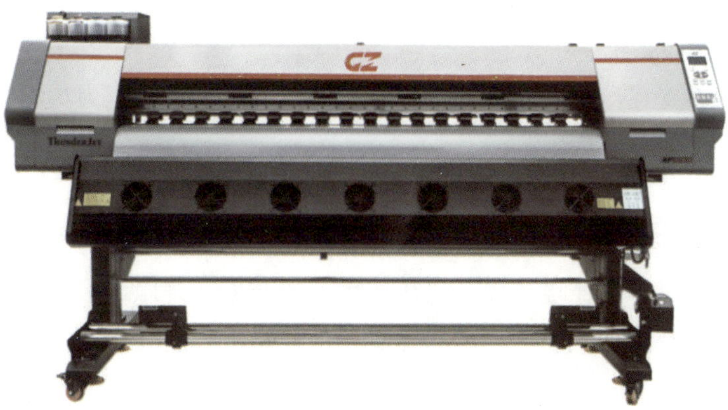

图3-2　写真机

2. 写真机的特点

（1）打印精度高

能够输出清晰、细腻、色彩鲜艳且逼真的图像。

（2）打印大幅面

能够在较宽的介质上进行打印，常见的幅宽有1.6m、1.8m、3.2m等，能够满足大型广告、海报的制作。

（3）可快速输出

相较于传统的印刷方式，写真机的打印速度较快，能够提高工作效率。

（4）色彩表现丰富

能够实现多种颜色的组合和过渡，色彩还原度高，能够呈现出丰富的色彩层次和细节。

3.写真机的类型

（1）电压式写真机

电压式写真机采用压电晶体作为喷墨控制元件。其优点是打印精度高、速度快、喷头寿命长、墨水适应性广，能够实现高品质的打印输出。适合对打印质量和稳定性要求较高的商业打印业务。

（2）热泡发式写真机

热泡发式写真机通过加热元件使墨水产生气泡从而喷射出墨滴。其优点是打印成本相对较低，但打印精度和速度不如电压式写真机，喷头的使用寿命也相对较短。

4.写真机的工作原理

（1）图像数据处理

首先，将需要打印的图像通过计算机软件进行处理和编辑，如调整颜色、尺寸、分辨率等，并将其转换为写真机能够识别的打印指令和数据。

（2）墨水供应系统

写真机的墨盒或墨仓为喷头提供墨水。墨水通过管道和压力控制系统喷出，能稳定的供墨。

（3）喷头喷墨

写真机的喷头是关键部件。根据不同的类型，喷头以不同的方式控制墨水的喷射。电压式喷头是通过压电晶体在电压作用下的变形，挤压墨水腔，使墨水从微小的喷空中喷出。热发泡式喷头是利用加热元件使墨水瞬间气化产生气泡，从而将墨水挤出喷孔。

（4）精确控制

写真机的控制系统精确地控制喷头在水平和垂直方向上的移动量，以及墨水的喷射时机和喷射量。按照图像数据的指令，喷头在打印介质（如纸张、塑料膜等）上逐行逐点地喷射墨水，形成图像或文字。

（5）墨水固化或干燥

根据所用墨水的类型，可能需要进行固化或干燥处理。例如，使用UV墨水的写真机通过UV灯照射使墨水瞬间固化，故不需要专门固化；水性墨水则需要自然风干或加热干燥。

（6）介质传输

写真机内部的传输系统精确地控制打印介质的前进，确保图像打印的准确性和完整性。

5.写真机的印刷材料

（1）相纸：表面光滑，适合打印高质量的照片、艺术作品等。

（2）灯箱片：通常具有半透明的特性，用于制作室内外灯箱广告。

（3）PP纸：材质柔韧，防水性强，常用于海报、展板等。

（4）背胶：背面有黏性，可直接粘贴在平整的表面上，如车身广告、墙壁等。

（5）油画布：能够打印出类似油画效果的作品，常用于艺术装饰。

（6）透明胶片：用于制作透明的展示材料或投影胶片。

（7）无纺布：常用于室内装饰和短期的广告展示。

（8）反光膜：具有反光效果，常用于交通标识和安全警示标志。

6.写真机在广告领域的应用

（1）广告行业

可打印各类户外广告，如大型海报、灯箱广告、车身广告等。

（2）图文输出

打印高精度的画册、宣传册、名片、菜谱等。

（3）装饰装修

为家庭、商场、酒店等场所印制个性化的壁纸、壁画、装饰画。

（4）展览展示

打印展览的背景板、展示架画面、展板等。

（5）摄影行业

输出大幅面的艺术照片、婚纱照等。

（6）商业标识

打印店铺招牌、商场导视标识、企业形象标识等。

（7）服装行业

印制服装上的图案、标识、个性化定制服装等。

（8）包装行业

部分产品的外包装图案印制。

4.设备使用软件

常见写真机使用软件有蒙泰、PhotoPrint等。蒙泰软件功能丰富、操作相对简便；PhotoPrint软件则在色彩管理何输出效果方面有出色的表现。不同品牌和型号的写真机可能对软件的兼容性和适配性有所不同，可以根据写真机的型号和具体需求选择合适的软件。

实践操作

1. 准备工作

（1）确保写真机放置在平稳、干燥且通风良好的环境中。

（2）检查电源，打开写真机及相关设备（如电脑、干燥设备等）。

（3）检查写真机的墨盒或墨仓，确保墨水充足且无泄漏。

（4）安装并固定好需要打印的介质，如纸张、灯箱布等，确保其位置正确且放置平整。

2. 软件设置

（1）打开与写真机配套的打印软件，在软件中导入需要打印的图像文件。

（2）设置打印参数，包括打印尺寸、分辨率、颜色模式、打印质量、速度等。根据实际需求和介质特性设置参数。

（3）选择颜色校准和色彩管理，以确保打印出的颜色准备、鲜艳。

3. 喷头检测与校准

（1）在打印前，应检查喷头，查看喷头是否存在堵塞或断线的情况。

（2）如有必要，进行喷头校准，以保证打印的精度和清晰度。

4. 打印检测

（1）先进行小面积的打印测试，检查打印效果、包括颜色、清晰度、对位等是否符合要求。

（2）根据检测结果，对打印参数进行微调，直至满意。

5. 正式打印

（1）确认一切设置无误后，开始正式打印。

（2）在打印过程中，密切关注写真机的运行状态，如有异常及时停止打印。

6. 打印完成

（1）打印结束后，写真机会自动停止或根据设置进行相应的操作。

（2）小心取下打印好的介质，避免因刮擦而损坏图像。

（3）对喷头进行清理和保养，防止墨水干结堵塞喷头。

7. 关机

（1）按照正确的顺序关闭写真机和相关设备。

（2）清理工作区域，整理工具与材料。

注意事项

1. 环境要求

保持工作环境的清洁、干净，温度和湿度，避免灰尘、静电等对机器和打印质量造成影响。

2. 电源稳定

确保电源供应稳定，避免出现电压波动或突然断电的情况，打印时最好使用稳压器。

3. 正确操作

严格按照写真机的操作手册进行操作。

4. 打印材料

选择合适写真机的打印材料，注意所选材质的规格。

5. 喷头维护

定期检车喷头状态，避免喷头堵塞。在关机前要完成喷头的清理工作，防止水墨干结堵塞喷头。

6. 墨水使用

使用与写真机配套的墨水，不同品牌和型号的墨水不得混用，以免影响打印质量和损坏机器。

7. 传输数据线

确保数据线连接牢固，避免松动导致数据传输错误。

8. 定期保养

按照规定的时间进行机器保养，包括清洁、润滑、校准等。

9. 软件设置

正确设置打印参数，如分辨率、色彩模式、打印速度等，以获得满意的打印效果。

10. 故障处理

遇到故障时，不得自行拆卸机器，应该联系专业的维修人员进行处理。

任务拓展

根据此任务尝试用写真机打印制作运动会宣传海报（易拉宝）。

任务二工单　操作写真机

1.任务描述

实训任务

根据此任务，尝试用写真机打印制作运动会宣传海报（易拉宝）。

任务内容

（1）应用 Adobe Illustrator 软件制作一张 60 cm×120 cm 运动会宣传海报（易拉宝）。

（2）选择合适的打印材料和工艺制作。

（3）操作写真机打印。

（4）后期安装。

2.任务分组

<table>
<tr><td>班级</td><td></td><td>组号</td><td colspan="2"></td><td>指导老师</td><td></td></tr>
<tr><td>组长</td><td></td><td>学号</td><td colspan="4"></td></tr>
<tr><td rowspan="5">小组成员</td><td>姓名</td><td>学号</td><td colspan="4">角色分工</td></tr>
<tr><td></td><td></td><td colspan="4">监护人员</td></tr>
<tr><td></td><td></td><td colspan="4">操作人员</td></tr>
<tr><td></td><td></td><td colspan="4">记录人员</td></tr>
<tr><td></td><td></td><td colspan="4">评分人员</td></tr>
</table>

3.任务实施流程

任务内容	任务要求	验收方式
软件制作	应用 Adobe Illustrator 软件制作一张 60 cm×120 cm 大小运动会易拉宝	效果图
材料选择	选择合适的打印材料和制作工艺	材料提交
操作写真机	掌握写真机的工作原理	材料提交

任务内容	任务要求	验收方式
	掌握写真机的适用范围、适用材料	材料提交
	掌握写真机使用软件	实践操作
制作要求	操作写真机打印制作运动会宣传海报易拉宝	成果展示

4.考核评价

序号	技能要求	评分细则	得分	记录
1	软件制作	应用Adobe Illustrator软件制作一张60 cm×120 cm大小运动会广告宣传海报(易拉宝)。	1分	
2	材料选择	选择合适的打印材料和工艺制作材料。	1分	
3	操作写真机	检查、启动写真机	1分	
		设备调试	1分	
		打印输出	1分	
		后期处理	1分	
4	成果展示	成果展示	4分	

任务三　3D打印机

任务介绍

（1）认识3D打印机。

（2）熟悉3D打印机的工作原理、特点、适用材料和应用领域。

（3）掌握3D打印机的操作流程和注意事项。

任务描述

根据任务要求熟悉3D打印机的设备特点、工作原理、适用材料和应用领域；掌握设备操作流程和注意事项。

相关知识

1. 3D打印机设备

3D打印机是一种能够根据数字模型文件，通过逐层打印的方式来构造物体的设备。

2. 3D打印机的特点

（1）内容可定制，能够根据用户的特定需求和设计，制造出独一无二的物品，满足个性化定制。

（2）可制作复杂结构，可以轻松地创建具有复杂内部结构和形状的物体，这是传统制造方法难以实现的。

（3）无需模型，省去了制作磨具的过程和成本，尤其适合用于小批量生产或单件生产。

（4）产品制造周期短，能够在相对较短的时间内将数字模型转化为实体物体，加快产品开发和原型制作的速度。

（5）材料多样性，可以使用多种材料。

（6）设计自由度高，能够突破传统制造工艺的限制，实现更多创新的设计和形状。

（7）打印精度高，可以达到较高的精确度和分辨率，从而制造出精细的部件。

3. 3D打印机类型

（1）FDM（熔融沉积成型）3D打印机，通过将丝状的热塑性材料加热融化，然后将材料逐层挤出堆积成型。其成本相对较低，操作简单。

（2）SLA（光固化成型）3D打印机，使用紫外线激光照射液态光敏树脂，使其逐层固化成型。其打印精度较高，表面质量较好。

（3）SLS（选择性激光烧结）3D打印机，使用高能量激光束烧结粉末材料，如尼龙、金属等，使其逐层融合成型。其适用于制造高强度和功能性的部件。

（4）DLP（数字光处理）3D打印机，类似于SLA，但其光源是数字投影仪，一次可以固化一整层，打印速度相对较快。

（5）PolyJet 3D打印机，通过喷射微小的液滴并使其固化来构建物体，能在同一打印过程中使用不同的材料和颜色，从而创造出更加真实的物体。

（6）金属3D打印机，使用金属粉末作为原材料，通过激光或电子束等能源进行烧结或融化成型，用于制造高精度、高性能的金属部件。

4. 3D打印机工作流程

（1）建模，使用计算机辅助设计（CAD）软件或其他建模工具创建要打印物体的三维模型。

（2）切片，将三维模型切成许多薄片，每一片都是物体的一个横截面。

（3）打印，打印机根据切片的信息，将打印材料逐层堆积在打印平台上，形成物体的实体。

（4）后处理，打印完成后，可能根据需要进行一些处理步骤，如去除支撑结构、打磨、抛光等，以获取更好的表面质量和性能。

5. 3D打印机在广告领域的应用

（1）户外广告

可制作大型、立体的户外广告牌模型或独特的装置，吸引路人目光。

（2）店面装饰

可定制门头标识、橱窗展示道具等来营造独特的店面氛围。

（3）产品宣传

可打印出新产品的模型，用于产品发布会、促销活动等，让消费者更直观地了解产品外观和特点。

（4）品牌形象展示

创建品牌吉祥物或象征物的立体模型，强化品牌形象。

6. 设备使用软件

（1）Cura：一款广泛使用的开源 3D 打印切片软件，适用于多种 3D 打印机，功能强大且易于使用。

（2）Simplify3D：提供了丰富的设置选项和高级控制功能，能优化打印质量和效率。

（3）PrusaSlicer：由知名 3D 打印品牌 Prusa 开发，具有良好的兼容性和性能。

（4）Ultimaker Cura：一款由UItimaker公司开发并维护的免费开源软件，能为3D打印机提供高质量的切片解决方案。

（5）MeshMixer：是Autodesk提供的免费3D软件之一。

（6）Blender：一款免费、强大的3D建模软件，不仅可以创建模型，还能进行一些基本的打印准备工作。

（7）SolidWorks：专业的CAD软件，常用于工业设计和复杂模型的创建。

（8）AutoCAD：可用于绘制二维制图和基本三维模型，无需编程，即可自动制图。

实践操作

1.准备工作

（1）选择合适的3D打印机，并放置在平稳、通风良好位置。

（2）接通电源，确保打印机预热至工作温度（不同类型打印机的预热时间和温度不同）。

2.模型准备

（1）使用3D建模软件创建模型。

（2）将模型文件（常用格式如STL、OBJ等）导入到3D打印切片软件中。

3.切片设置

在切片软件中，设置打印参数，如层高（影响打印精度和表面质量）、填充密度（影响模型强度和耗材用量）、打印速度、温度等，如果模型有悬空部分还可以添加支撑结构。

4.打印参数设置

（1）设置合适的打印参数，如层高、温度、速度等，以获得理想的打印效果。

（2）对于新的材料或模型，可能需要进行一些实验来优化参数。

5.保存切片文件

完成设置后，将切片文件保存到存储设备（如U盘）或通过数据线直接传输到3D打印机。

6.开始打印

（1）将打印材料（如PLA、ABS等丝线）装入打印机的进料机构。

（2）将存储设备插入打印机或通过打印机的操作界面选择刚刚生成的切片文件。

（3）确认打印参数无误后，启动打印。

7.打印过程监控

（1）打印过程中，观察打印机的工作状态，确保材料正常供应，喷头移动顺畅。

（2）如果出现异常情况（如喷头堵塞、打印错位等），应及时暂停打印并进行处理。

8.打印完成

(1) 打印完成后，等待打印机喷头和打印平台冷却。

(2) 小心取出打印成品，去除支撑结构（如果有）。

9.后处理

根据需要，可以对打印成品进行打磨、抛光、喷漆等后处理操作，以获得更好的外观和性能。

注意事项

1.安全操作

(1) 了解并遵守打印机的操作指南，避免接触高温部件，防止烫伤。

(2) 确保打印机放置在稳定、防火的位置，远离易燃物和儿童可触及的地方。

2.环境要求

(1) 保持打印环境通风良好，以排出打印过程中可能产生的有害气体或异味。

(2) 避免在温度和湿度不达标的环境中使用打印机，可能影响打印质量和设备性能。

3.打印材料

(1) 使用符合打印机规格的打印材料，不得使用劣质或过期材料。

(2) 应注意材料的储存条件，防止其受潮或受污染。

4.模型设计

(1) 确保模型的设计合理，无错误或不兼容的结构，以免打印失败。

(2) 对于复杂模型，应添加合适的支撑结构，以保证打印效果。

5.设备维护

(1) 定期清理打印机的喷头、平台和进料机构，防止出现堵塞和故障。

(2) 按照说明书进行定期保养和校准。

6.电源管理

确保打印机连接的电源稳定，避免因突然断电而导致打印中断或设备损坏。

7.后处理安全

在进行后处理操作（如打磨、切割）时，应佩戴适当的防护装备，如护目镜和手套。

任务拓展

根据此任务，尝试用3D打印机制作3D字“甘肃机电职业技术学院”。

任务三工单　操作3D打印机

1. 任务描述

实训任务

根据此任务尝试用3D打印机制作3D字“甘肃机电职业技术学院”。

任务内容

（1）用3D打印机制作3D字“甘肃机电职业技术学院”，颜色蓝色，每个字大小10 cm×10 cm。

（2）选择合适的打印材料和制作工艺。

（3）进行打印。

（4）后期组装。

2. 任务分组

班级		组号		指导老师	
组长		学号			
小组成员	姓名	学号	角色分工		
			监护人员		
			操作人员		
			记录人员		
			评分人员		

3. 任务实施流程

任务内容	任务要求	验收方式
软件制作	用Adobe Illustrator制作字体	效果图
材料选择	选择合适的打印材料及颜色	提交材料
操作3D打印机	掌握3D打印机的工作原理	材料提交

任务内容	任务要求	验收方式
	掌握3D打印机适用范围、适用材料	材料提交
	掌握3D打印机使用软件	实践操作
制作要求	用3D打印机制作3D字“甘肃机电职业技术学院”，颜色蓝色，每个字体大小10 cm×10 cm。	成果展示

4.考核评价

序号	技能要求	评分细则	得分	记录
1	软件制作	用Adobe Illustrator制作字体	1分	
2	材料选择	选择合适的打印材料及颜色	1分	
3	操作3D打印机	检查、启动3D打印机	1分	
		设备调试	1分	
		打印输出	1分	
		后期处理	1分	
4	成果展示	成果展示	4分	

任务四　激光雕刻机

任务介绍

（1）认识激光雕刻机。

（2）熟悉激光雕刻机的类型、工作原理、特点、适用材料和应用领域。

（3）掌握激光雕刻机的操作流程和注意事项。

任务描述

根据任务要求熟悉激光雕刻机的特点、设备类型、工作原理、适用材料和应用领域；掌握设备操作流程和注意事项。

激光雕刻机的操作流程示范

相关知识

1. 激光雕刻机

激光雕刻机（如图3-3所示）是一种利用激光技术进行雕刻、切割和打标的设备，其核心部件是激光发生器，产生高能量的激光束，通过计算机控制系统精确控制激光束的路径、强度和停留时间，从而在各种材料表面进行加工。

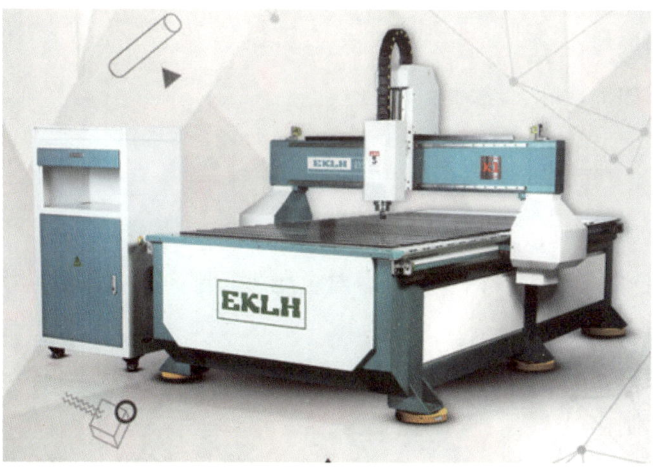

图3-3　激光雕刻机

2. 激光雕刻机的特点

（1）精度高，能够实现极其精细的雕刻效果，细节表现力强。

（2）加工速度快，大大提高了生产效率。

（3）无需刀具，减少了刀具更换和维护的成本。

（4）适应性强，能加工各种形状、尺寸和材质的工件

（5）环保，加工过程中不产生废料和污染，符合可持续发展理念。

3. 激光雕刻机的常见类型

（1）光纤激光雕刻机，以光纤作为激光介质，能够高效地在金属材料（如不锈钢、铝、铜等）以及部分塑料上进行雕刻和切割。

（2）二氧化碳激光切割机，使用二氧化碳作为激光介质，适合雕刻和切割木材、亚克力、塑料、皮革、纸张等非金属材料。

4. 激光雕刻机的工作原理

激光雕刻机的工作原理是利用激光热能的灼烧或者使其雕刻表面发生化学变化而产生雕刻印记。激光雕刻机通过激光器产生激光，由发射镜传递并且通过聚集镜照射到加工材料上，使得该点高温而迅速融化、气化，通过移动激光头达到切割的效果。

5. 激光雕刻机的适用材料

（1）木材：包括各种实木、胶合板、密度板等。

（2）亚克力。

（3）塑料：如 PVC、ABS、PP 等。

（4）皮革。

（5）纸张和纸板。

（6）布料：如棉、麻、丝绸等。

（7）橡胶。

（8）玻璃。

（9）石材：如大理石、花岗岩等。

（10）金属：如不锈钢、铝、铜等。对金属进行雕刻通常需要功率较大的激光雕刻机。

6. 激光雕刻机在广告领域的应用

（1）标识牌制作

在金属、塑料、木材等材质上精确雕刻标识牌，可用于公司名称、商标、指示牌等，使标识牌更加清晰、美观、耐用。

（2）广告展板

在亚克力板、木板等材料上雕刻图案和文字，用于制作广告展板、宣传海报等。

（3）包装设计

在包装盒、包装袋上进行雕刻，能增加产品的独特性和吸引力。

（4）灯箱面板雕刻

对灯箱的面板进行图案和文字的雕刻，使灯光透过时呈现出独特的效果，增强广告的视觉冲击力。

（5）个性化礼品定制

在各种材料上雕刻个性化的图案、文字，制作独特的礼品，如定制的手机壳、钥匙扣、名片盒等。

（6）装饰艺术品创作

在各种材料上雕刻复杂的图案和纹理，创作出具有艺术价值的装饰作品，用于装饰办公室、商场等场所。

7.设备使用软件

（1）LaserGRBL：一款开源的激光雕刻控制软件，支持 Windows 系统，操作相对简单，适合初学者。

（2）LightBurn：功能强大，支持多种文件格式导入，具备图形编辑和参数设置功能。

（3）Benbox：简单易用，常用于一些小型的激光雕刻机。

（4）RDWorks：能提供丰富的参数设置和路径规划功能。

（5）AutoCAD：专业的绘图软件，绘制的图形可以导出适合激光雕刻的格式。

（6）CorelDRAW：常用于图形设计，其输出文件可用于激光雕刻。

实践操作

1.准备工作

（1）选择合适的工作场地，确保通风良好，无易燃、易爆物品。

（2）佩戴防护眼镜，保护眼睛免受激光伤害。

（3）检查激光雕刻机的电源、冷却系统、光路等是否正常。

2.安装材料

（1）根据要雕刻的材料选择合适的固定方式，将材料平稳地固定在工作台上。

3.连接电脑与设备

使用数据线将激光雕刻机与电脑连接，并安装相应的驱动程序。

4.启动软件

启动与激光雕刻机配套的控制软件。

5.导入设计文件

在软件中导入要雕刻的图形或文字文件，常见文件格式有 JPEG、PNG、SVG 等。

6. 设置参数

根据材料的类型、厚度以及对雕刻效果的要求，设置激光功率、雕刻速度、焦距等参数。

7. 定位与对焦

使用手动或自动对焦功能，确保激光焦点准确落在材料表面。

8. 预览效果

在软件中进行雕刻效果的预览，检查图形的位置、大小和细节是否符合预期。

9. 开始雕刻

确认无误后，点击“开始雕刻”按钮，激光雕刻机开始工作。

10. 监控过程

在雕刻过程中，密切观察雕刻进度和效果，如有异常及时停止。

11. 完成与清理

雕刻完成后，关闭激光雕刻机和电脑软件，取出雕刻好的材料，并清理工作台上的碎屑。

注意事项

1. 安全防护

（1）始终佩戴合适的防护眼镜，避免激光对眼睛造成伤害。

（2）避免皮肤直接暴露在激光束下。

2. 通风良好

确保工作区域通风良好，及时排出激光加工过程中产生的烟雾和异味。

3. 设备放置

将设备放置在平稳、干燥的地方，远离水源和潮湿环境。

4. 电源与接地

连接稳定的电源，并确保设备接地良好，以防被电击。

5. 操作培训

在操作前，务必接受专业的培训，熟悉设备的操作流程和功能。

6. 材料选择

选择合适的材料，不得使用不适合激光雕刻的材料。

7. 防火措施

周围避免放置易燃物品，工作区域应配备灭火器。

8. 定期维护

按照说明书定期对设备进行维护和检查，包括清洁光路、检查机械部件等。

10.遵循说明

严格遵循激光雕刻机的使用说明书和相关安全规定。

11.软件使用

从正规渠道获取和安装控制软件，避免使用未经授权或来源不明的软件。

12.紧急停止

熟悉紧急停止按钮的位置，在遇到紧急情况时能够迅速停止设备运行。

任务拓展

根据此任务，尝试用激光雕刻机制作标识。不同小组可选择不同材料如：木板、亚克力板、PVC板。

任务四工单　操作激光雕刻机

1. 任务描述

实训任务

根据此任务，尝试用激光雕刻机制作图3-4所示标识。

图3-4　标识

任务内容

（1）应用软件制作图3-4所示的标识。

（2）选择合适板材如木板、亚克力板或PVC版。

（3）操作激光雕刻机进行雕刻。

2. 任务分组

班级		组号		指导老师	
组长		学号			
小组成员	姓名	学号	角色分工		
			监护人员		
			操作人员		
			记录人员		
			评分人员		

3. 任务实施流程

任务内容	任务要求	验收方式
软件制作	应用软件制作效果	效果图
材料选择	选择合适的雕刻材料	材料提交
操作激光雕刻机	掌握激光雕刻机的工作原理	材料提交
	掌握激光雕刻机的适用范围、适用材质	材料提交
	掌握激光雕刻机使用软件	实践操作
制作要求	操作激光雕刻机制作标识	成果展示

4. 考核评价

序号	技能要求	评分细则	得分	记录
1	软件制作	应用软件制作效果	2分	
2	材料选择	选择合适的打印材料和工艺制作材料	1分	
3	操作激光雕刻机	检查、启动UV平板打印机	1分	
		设备调试	1分	
		打印输出	1分	
4	成果展示	成果展示	4分	

任务五　光纤激光切割机

任务介绍

（1）认识光纤激光切割机。

（2）熟悉光纤激光切割机的工作原理、特点、适用材料和应用领域。

（3）掌握光纤激光切割机的操作流程和注意事项。

任务描述

根据任务要求熟悉光纤激光切割机的设备特点、工作原理、适用材料和应用领域；掌握设备操作流程和注意事项。

相关知识

1.光纤激光切割机

光纤激光切割机（如图3-5所示）是一种利用光纤激光技术对各种金属材料进行精确切割的设备。它采用光纤传输介质，将高能量密度的激光束聚焦在被切割材料表面，使材料瞬间融化、气化或燃烧，从而实现材料的分离和切割。

图3-5　光纤激光切割机

2. 光纤激光切割机的特点

（1）切割速度快，能够迅速完成对金属板材等材料的切割，提高生产效率。

（2）切割精度高，可实现精确的切割。

（3）切割质量好，切口光滑、平整、热影响区小，能减少后续加工工序。

（4）使用材料广泛，适合不锈钢、碳钢、铝合金等多种金属材料的切割。

（5）耗能低，相比传统切割方式，光纤激光切割机的能源利用率高，运行成本相对较低。

（6）稳定性高，光纤激光切割机的稳定性好，使用寿命长，维护成本低。

3. 光纤激光切割机工作原理

光纤激光切割机的工作原理是将泵浦物质掺入到光纤中，由半导体激光器发出的激光束，经光路系统聚焦成高功率密度的激光束，照射到工件表面。工件在激光束的照射下，局部区域瞬间达到高温，使材料熔化或气化。同时，与光束同轴的高压气体将熔化或气化的金属吹走，形成切缝。随着光斑的移动，激光束可以按照预设的轨迹进行切割，从而实现对金属材料的加工。

4. 光纤激光切割机适用材料

不锈钢、碳钢、铝合金、黄铜和紫铜、钛合金、镀锌板等金属材料。

5. 光纤激光切割机在广告领域的应用

（1）制作广告字

能用合适的金属材料制作出边缘光滑、精度高的发光字、立体字。

（2）加工标识牌

能切割和雕刻各种材质的标识牌，（如亚克力板、铝板等）使标识牌更具立体感和独特性。

（3）制作灯箱框架

能精确加工灯箱的框架结构。

（4）艺术造型

可雕刻出具有创意性的金属装饰品，用于广告场景布置和装饰。

6. 设备使用软件

（1）LaserCut：功能丰富，操作相对简单，支持多种图形格式的导入，具有路径优化和工艺参数设置等功能。

（2）CNCKAD：广泛应用于金属加工行业，具有强大的编程和设计功能，能够精确控制切割过程。

（3）FastCAM：具备高效的排样功能，支持设置多种切割工艺的参数。

注意：不同品牌和型号的光纤激光切割机可能配有其特定的软件。

实践操作

1. 开机前准备

（1）检查设备外观，确保无损坏和异常。

（2）检查气源、电源是否连接正常，气体压力是否符合要求。

（3）清理工作台面，确保无杂物影响切割。

2. 开机

（1）打开总电源开关。

（2）启动激光切割机控制系统。

（3）开启激光发生器，等待其预热到工作状态。

3. 导入图形

使用配套软件，将需要切割的图形文件导入。

4. 图形编辑与排版

（1）对导入的图形进行必要的编辑，如尺寸调整、位置移动等。

（2）在板材上合理排版，以提高材料利用率。

5. 设置工艺参数

根据切割材料的类型、厚度，设置合适的激光功率、切割速度、焦点位置、辅助气体类型和压力等参数。

6. 模拟运行

启动模拟功能，检查切割路径是否正确，有无碰撞或其他异常。

7. 定位与对焦

（1）将板材放置在工作台上，使用定位装置固定好。

（2）手动或自动调整激光头的高度，进行对焦，确保激光焦点在材料表面。

8. 试切

先进行小范围的试切，检查切割效果，如有必要，微调工艺参数。

9. 正式切割

确认切割参数和效果无误后，启动正式切割。

10. 过程监控

在切割过程中，密切观察切割情况，如切割质量、气体流量、设备运行状态等，确保切割过程顺利进行。

11. 关机

（1）切割完成后，先关闭激光发生器。

（2）关闭控制系统。

（3）关闭总电源。

12.清理与维护

（1）清理切割产生的废料和残渣。

（2）对设备进行日常的清洁和维护，如擦拭光学元件、清理轨道等。

注意事项

1.环境要求

设备应放置在干燥、通风良好的环境中，避免在潮湿、多尘以及温度过高或过低的场所使用。

2.光路保护

避免碰撞或损坏激光光路中的光学元件，以免影响激光传输和切割质量。

3.材料固定

确保板材在切割过程中牢固固定，防止因板材移动导致切割误差或发生安全事故。

4.定期校准

定期对设备的各项参数进行校准，以保证切割精度和稳定性。

5.软件更新

及时更新设备控制软件，以获取更好的性能和修复可能存在的漏洞。

6.激光防护

除了操作人员要佩戴防护眼镜、穿防护服外，工作区域应设置明显的激光警示标识，防止他人误闯。

7.电缆和线路

检查设备的电缆和线路是否完好，有无破损、老化等现象。

8.切割头维护

定期检查和清洁切割头，防止因切割头堵塞或损坏而影响切割效果。

任务拓展

根据此任务，尝试操作光纤激光切割机制作不锈钢字“信息工程学院”。

任务五工单　操作光纤激光切割机

1.任务描述

实训任务

根据此任务尝试操作光纤切割机制作不锈钢字“信息工程学院”。

任务内容

（1）用光纤激光切割机制作不锈钢字“信息工程学院”，每个字大小为 20 cm×20 cm。

（2）选择合适的打印材料和制作工艺。

（3）操作激光切割机进行制作。

（4）后期组装。

2.任务分组

班级		组号		指导老师	
组长		学号			
小组成员	姓名	学号	角色分工		
			监护人员		
			操作人员		
			记录人员		
			评分人员		

3.任务实施流程

任务内容	任务要求	验收方式
软件制作	软件制作字体	效果图
材料选择	选择合适的材料和工艺	提交材料
操作光纤激光切割机	掌握光纤激光切割的工作原理	材料提交
	掌握光纤激光切割的适用范围、材质，工艺	材料提交

任务内容	任务要求	验收方式
	掌握光纤激光切割使用软件	实践操作
制作要求	用光纤激光切割机制作不锈钢字信息工程学院，每个字大小为 20 cm×20 cm	成果展示

4. 考核评价

序号	技能要求	评分细则	得分	记录
1	软件制作	软件制作字体	1分	
2	材料选择	选择合适的材料和工艺制作材料	1分	
13	操作光纤激光切割机	检查、启动UV平板打印机	1分	
		设备调试	1分	
		打印输出	1分	
		后期处理	1分	
4	成果展示	成果展示	4分	

任务六　迷你字雕刻机

任务介绍

（1）认识迷你字雕刻机。

（2）熟悉迷你字雕刻机的工作原理、特点、适用材料和应用领域。

（3）掌握迷你字雕刻机的操作流程和注意事项。

任务描述

根据任务要求熟悉迷你字雕刻机设备特点、工作原理、适用材料和应用领域；掌握设备操作流程和注意事项。

相关知识

1.迷你字雕刻机

迷你字雕刻机（如图3-6所示）是一种专门用于雕刻和加工迷你字的数控设备，迷你字通常是一种外观精美、尺寸较小、发光效果好的字体，通常用于广告标识、店铺招牌等领域。

图3-6　迷你字雕刻机

2.迷你字雕刻机的特点

（1）加工精度高，能够实现精细的雕刻和切割，保证迷你字的边缘光滑、形状准确。

（2）稳定性好，在长时间运行中保持稳定的工作状态，确保加工质量的一致性。

（3）多功能，除了雕刻和切割，还可以加工斜边等。

（4）操作方便，配备易于操作的控制系统，方便操作人员进行编程和调整参数。

3.迷你字雕刻机的工作原理

先在计算机上使用相关软件进行迷你字的图形设计和排版，然后将设计好的文件传输到激光雕刻机的控制系统中，激光迷你字雕刻机内部的激光发生器产生激光束，经过反射镜、透镜等光学元件的反射和聚焦，使激光束的能量高度集中在一个极小的点上，形成高能量密度的激光焦点。

当聚焦后的激光束照射到高分子亚克力等材料表面时，材料会吸收激光的能量，瞬间被加热、熔化、气化或燃烧，从而在材料上形成所需的图案和形状。例如，在亚克力材料上进行切割、雕刻，制作出迷你字的面板和底板。

4.迷你字雕刻机的适用材料

（1）亚克力板：是制作迷你字最常用的材料之一，具有良好的透明度和可加工性。

（2）PVC 板。

（3）双色板。

（4）木材：如密度板、实木板等，但在户外使用时耐久性不如亚克力和 PVC。

（5）铝板。

（6）复合材料：如铝塑板等。

5.迷你字雕刻机在广告领域的应用

（1）制作发光字

能精确雕刻出不同尺寸和风格的迷你字，能满足多样化的设计需求。可用于制作各种发光字标识，如店铺招牌、商场导视牌等。

（2）标识牌制作

能为企业、机构等制作独特的标识牌，通过精细的雕刻展现品牌形象和信息。

（3）展示道具

能雕刻出与广告宣传相关的道具，如展示架、展示模型等，增强展示效果。

（4）灯箱面板

可加工灯箱面板，使灯箱的光线透出更加均匀、美观。

（5）个性化广告产品

根据客户的特殊需求，制作个性化的广告产品，如定制的装饰品、礼品等。

6.设备使用软件

（1）Type3：功能丰富，支持多种图形格式的导入，在雕刻路径规划和刀具控制方面表现出色。

（2）ArtCAM：可以将二维图像、矢量图形转换为三维浮雕模型，并生成雕刻路径。

（3）UG：一款综合性的 CAD/CAM 软件，适用于复杂的雕刻设计和编程。

（4）Powermill：专注于数控加工编程，能生成高效的雕刻加工路径。

（5）Vectric Aspire：易于学习和使用，适合初学者，同时也能满足专业需求。

（6）精雕软件：国内常用的雕刻软件，具有良好的兼容性和稳定性。

不同品牌和型号的迷你字雕刻机可能对软件的兼容性有所不同，在选择软件时需要考虑设备的适配性以及自身的操作习惯和需求。

实践操作

1. 开机前准备

（1）检查设备各部件是否正常，如刀具、夹具、传动系统等。

（2）清理工作台上的杂物，确保工作区域整洁。

（3）接通电源和气源，检查气压是否稳定。

2. 安装刀具

根据雕刻需求选择合适的刀具，并正确安装到主轴上。

3. 固定材料

将待雕刻的材料平稳放置在工作台上，使用夹具将其固定牢固，以防在加工过程中移动。

4. 导入设计文件

使用与雕刻机配套的软件将设计好的迷你字图形文件导入到雕刻机控制系统中。

5. 参数设置

在控制系统中设置雕刻深度、速度、刀具路径等参数，根据材料和雕刻要求进行调整。

6. 对刀操作

手动操作或使用自动对刀功能，使刀具准确接触到材料表面，确定雕刻起始点。

7. 模拟运行

启动模拟功能，查看雕刻路径是否符合预期，如有问题应及时调整参数。

8. 正式雕刻

确认无误后，启动正式雕刻程序，密切观察雕刻过程，注意设备运行状态和材料加工情况。

9. 完成雕刻

雕刻完成后，关闭设备电源和气源。

10. 清理与检查

取下雕刻好的材料，清理工作台上的碎屑，并检查雕刻成品的质量。

注意事项

1. 安全防护

操作人员应佩戴防护眼镜，以防碎屑飞溅伤害眼睛。

2. 设备检查

开机前仔细检查设备的机械部件、电气连接、刀具安装等是否正常。

3. 材料选择

确保使用适合雕刻机加工的材料，并保证材料的平整度和稳定性。

4. 刀具保养

定期检查和更换磨损的刀具，以保证雕刻质量和精度。

5. 操作规范

严格按照设备的操作手册进行操作，不得随意更改参数和操作流程。

6. 紧急停止

熟悉紧急停止按钮的位置，遇到紧急情况应迅速停机。

7. 加工环境

保持加工环境的清洁和干燥，避免灰尘和水汽进入设备。

8. 冷却系统

确保冷却系统正常运行，以防机器过热损坏主轴。

9. 电源稳定

提供稳定的电源，避免电压波动对设备造成损害。

10. 维护保养

定期对设备进行维护保养，包括清洁、润滑等。

11. 软件更新

及时更新设备控制软件，以获取更好的性能和功能。

12. 搬运与移动

移动设备时要小心谨慎，避免因碰撞而损坏设备。

13. 防火防爆

工作区域内严禁烟火，以防发生火灾和爆炸事故。

任务拓展

根据此任务，尝试操作迷你字雕刻机制作亚克力材质的甘肃机电职业技术学院IP形象挂件。

任务六工单　操作迷你字雕刻机

1. 任务描述

实训任务

根据此任务操作迷你字雕刻机制作亚克力材质的甘肃机电职业技术学院IP形象挂件，如图3-7所示。

图3-7　IP挂件

任务内容

（1）操作迷你字雕刻机制作亚克力材质的甘肃机电职业技术学院IP形象挂件，尺寸为15 cm。

（2）选择亚克力材料和制作工艺。

（3）操作迷你字雕刻机进行制作。

（4）后期组装。

2. 任务分组

班级		组号		指导老师	
组长		学号			
小组成员	姓名	学号	角色分工		
			监护人员		
			操作人员		
			记录人员		
			评分人员		

3.任务实施流程

任务内容	任务要求	验收方式
软件制作	用软件制作效果图	效果图
材料、工艺选择	选择合适的材料和制作工艺	材料提交
操作迷你字雕刻机	掌握迷你字雕刻机的特点	材料提交
	掌握迷你字雕刻机的适用范围、适用材料	材料提交
	掌握迷你字雕刻机的适用软件	实践操作
制作要求	用迷你字雕刻机制作亚克力材质的甘肃机电职业技术学院IP形象挂件。	成果展示

4.考核评价

序号	技能要求	评分细则	得分	记录
1	软件制作	用软件制作效果图	1分	
2	材料和工艺选择	选择合适的材料和工艺	1分	
3	操作迷你字雕刻机	检查、启动迷你字雕刻机	1分	
		设备调试	1分	
		打印输出	1分	
		后期处理	1分	
4	成果展示	成果展示	4分	

任务七　喷绘机

任务介绍

（1）认识喷绘机。

（2）熟悉喷绘机的工作原理、特点、适用材料和应用领域。

（3）掌握喷绘机的操作流程和注意事项。

任务描述

根据任务要求熟悉喷绘机设备特点、工作原理、适用材料和应用领域；掌握设备操作流程和注意事项。

喷绘机的操作流程示范

相关知识

1. 喷绘机

喷绘机（如图3-8所示）是一种能够在大幅面材料上进行高精度、高速度喷绘作业的专业打印设备。它通过计算机控制喷头将墨水以微小液滴的形式喷射到承印物表面，从而形成各种色彩丰富、细腻清晰的图像、文字或图案。

喷绘机所使用的墨水类型多样，包括溶剂型墨水、水性墨水、UV墨水等，以适应不同的打印材料和应用环境。

喷绘机广泛应用于广告制作、室内外装饰、展览展示、印刷包装等领域，能够满足大幅面、高质量、多样化的图像输出需求。

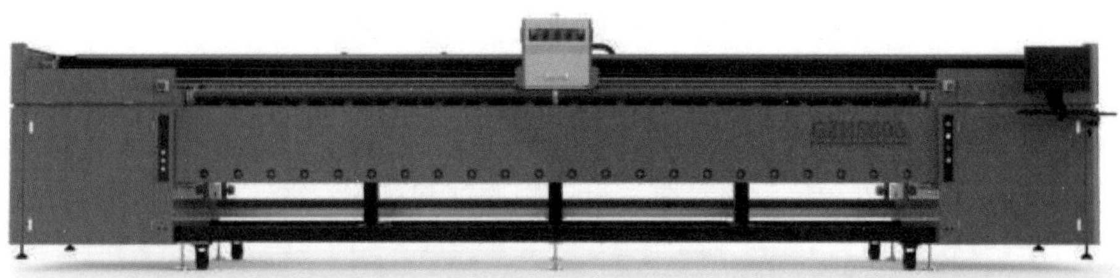

图3-8　喷绘机

2.喷绘机的特点

（1）大幅面打印，能够在宽幅的材料上进行打印，常见的幅宽有 2 m、3 m甚至更宽，满足大型广告和装饰的需求。

（2）打印速度快，相比传统的印刷方式，喷绘机可以在较短的时间内完成大幅面的打印任务，提高生产效率。

（3）色彩丰富，能够使用多种颜色的墨水，实现丰富、鲜艳、逼真的色彩表现，呈现出高质量的图像效果。

（4）适应性强，可以在各种不同材质的表面进行打印，如纸张、塑料、织物、金属等。

（5）精度可选，根据不同的需求和设备档次，可以选择不同的打印精度，从低精度的户外广告到高精度的室内海报。

3.喷绘机的工作原理

（1）通过计算机软件（如 Adobe Photoshop、CorelDRAW 等）设计和编辑需要喷绘的图像或文件，并将其发送到喷绘机的控制系统。控制系统接收到图像数据后，对其进行处理和解析，将图像信息转化为喷头的控制指令。

（2）喷绘机的喷头通常由多个微小的喷嘴组成。当喷头接收到控制指令时，会根据指令在特定的时间和位置喷射出微小的墨滴。溶剂型喷绘机的墨盒或墨罐中储存着溶剂型墨水，这些墨水具有强烈的气味和一定的腐蚀性。在喷绘机工作时，通过供墨泵或类似的装置将墨水从墨盒中抽取出来，并以一定的压力输送到喷头处。

当墨水到达喷头后，在控制电路的作用下，喷头内的压电晶体或类似的元件会产生微小的变形，从而挤压墨水，使墨水从喷嘴中以微小的液滴形式喷射出来。这些液滴的大小和喷射的速度可以通过控制电路进行精确调节，以实现不同的打印效果。

从喷头喷射出的墨水液滴会附着在喷绘的介质上，如纸张、布料、塑料等。由于溶剂型墨水的特性，在墨水附着到介质上后，需要通过自然晾干或使用烘干装置进行干燥，使得墨水能够牢固地附着在介质上，形成所需的图案或文字。

4.喷绘机的适用材料

（1）灯箱布

常用于户外大型灯箱广告，具有较好的耐候性和抗拉强度。

（2）车身贴

用于汽车车身的广告装饰，具有柔韧性和耐刮擦性。

（3）油画布

可用于艺术画作的复制和装饰画的制作。

（4）网格布

透气性好，适合用于大型建筑的外墙广告。

（5）相纸

适用于室内高精度的照片和海报打印。

（6）即时贴

可用于制作各种标识和图案，能方便地粘贴和移除。

（7）软膜

常用于室内吊顶和灯箱广告，透光性较好。

（8）透明胶片

用于制作透明的展示品或灯箱片。

（9）壁纸

用于室内墙面装饰。

（10）塑料薄膜

如 PVC 膜、PET 膜等，应用广泛。

（11）皮革

用于个性化的皮革制品喷绘。

5.喷绘机在广告领域的应用

（1）户外广告

可制作大型的大型广告牌，如高速公路旁、城市建筑物外墙的巨幅广告，吸引远距离的观众注意力。也可为公交站亭、路灯杆等公共设施制作广告画面，提升广告的曝光度。

（2）商业场所广告

可制作商场外墙的大幅促销广告，吸引顾客。也可制作超市内部的促销海报、吊旗等，引导消费者购买商品。

（3）活动与展览广告

可制作各类会议、展览、演唱会等活动的背景板、横幅、展架等。

（4）车身广告

能对公交车、出租车、货车等车辆的车身进行整体或局部的喷绘，使其成为流动的广告载体。

（5）灯箱广告

能为各种形状和尺寸的灯箱制作内部的喷绘画面，使其在夜间也能清晰展示广告内容。

（6）店铺招牌与门头

可为各类店铺设计并制作独特的招牌和门头，增强品牌识别度。

6.设备使用软件

（1）Adobe Photoshop：一款强大的图像处理软件，用于图像编辑、设计和色彩调整。

（2）Adobe Illustrator：用于创建和编辑矢量图形，适合制作需要清晰、可缩放的图形元素。

（3）CorelDRAW：提供了全面的图形设计功能，包括矢量绘图、文本处理和版面设计。

（4）RIP 软件（Raster Image Processor）：如 ONYX、Wasatch 等，是专门用于将图像数据转换为喷绘机可识别的打印指令，并控制颜色管理、墨量分配等的软件。

（5）FlexiSIGN：集设计、排版和输出控制于一体的广告标识制作软件。

（6）SignLab：适用于标识制作、喷绘和刻字等应用的软件。

（7）蒙泰：国内常用的喷绘排版打印软件，操作相对简单。

实践操作

1.开机前准备

（1）检查喷绘机的电源、数据线、墨路等连接是否正常。

（2）确保喷头无墨水残留、无堵塞。

（3）准备好所需的喷绘材料，并将其平整地放置在工作台上。

2.打开设备

按照喷绘机的操作手册，依次打开电源、电脑主机和喷绘机主机。

3.软件设置

（1）打开喷绘控制软件，设置喷绘的参数，如分辨率、打印速度、颜色模式等。

（2）导入需要喷绘的图像文件，并进行排版和调整。

4.颜色校准

（1）进行颜色校准，以确保喷绘出的颜色准确、鲜艳。

（2）可以使用校准工具或参考色卡进行校准。

5.喷头检查与测试

（1）在正式喷绘前，进行喷头检查，查看喷头是否正常工作。

（2）进行喷头测试打印，检查墨滴喷射是否均匀，有无断墨现象。

6.材料对位

将喷绘材料准确对位，确保图像喷绘在正确的位置。

7.开始喷绘

确认一切准备就绪后，点击开始喷绘按钮。

8. **监控喷绘过程**

（1）在喷绘过程中，密切观察喷绘情况，如有异常应及时停止。

（2）检查墨水量，确保墨水供应充足。

9. **完成喷绘**

（1）喷绘完成后，等待喷绘材料干燥。

（2）小心取下喷绘好的材料，避免因刮擦而损坏图像。

10. **关机与清理**

（1）按照操作手册的顺序关闭喷绘机和电脑。

（2）清理喷头和工作区域，保持设备及环境整洁。

注意事项

1. **环境要求**

（1）保持工作环境的清洁，避免灰尘和杂物进入喷绘机内部。

（2）温度和湿度应控制在设备规定的范围内，以防止影响打印质量和设备性能。

2. **电源与接地**

（1）确保喷绘机连接稳定的电源，避免因电压波动对设备造成损害。

（2）设备必须良好接地，以防静电干扰，保障操作人员安全。

3. **墨水使用**

（1）使用原装或经过认证的墨水，以保证打印质量和喷头寿命。

（2）按照要求储存墨水，不得使用过期或变质墨水。

4. **喷头维护**

（1）避免碰撞喷头，以免造成损坏。

（2）使用正确的清洁方法和工具，定期清洁喷头，防止喷头被堵塞。

5. **打印材料**

（1）选择适合喷绘机的打印材料，注意材料的平整度和厚度。

（2）确保材料放置平整、牢固，避免材料在打印过程中移动。

6. **操作规范**

（1）严格按照设备操作手册进行操作，不得随意更改设置或参数。

（2）打印过程中不得随意中断或强行关闭设备。

7. **设备保养**

（1）定期对设备进行全面保养，包括清理墨路、润滑导轨等。

（2）及时更换磨损的部件，以保证设备的正常运行。

8. **安全防护**

（1）操作人员应佩戴防护手套和口罩，避免直接接触墨水和化学物质。

（2）注意防火，因为墨水和某些材料可能具有可燃性。

9.数据备份

定期备份重要的打印数据和设置参数，以防数据丢失。

任务拓展

根据此任务，尝试使用喷绘机喷绘户外宣传海报。

任务七工单　操作喷绘机

1. 任务描述

实训任务

根据此任务，尝试操作喷绘机制作户外宣传海报。

任务内容

（1）喷绘机制作户外宣传海报，尺寸 100 cm×160 cm。

（2）选择合适的打印材料和制作工艺。

（3）操作喷绘机制作。

2. 任务分组

班级		组号		指导老师	
组长		学号			
小组成员	姓名	学号	角色分工		
			监护人员		
			操作人员		
			记录人员		
			评分人员		

3. 任务实施流程

任务内容	任务要求	验收方式
软件制作	软件制作效果图	效果图
材料和工艺选择	选择合适的打印材料和工艺	材料提交
操作喷绘机	掌握喷绘机的工作原理	材料提交
	掌握喷绘机的适用范围、适用材料	材料提交
	掌握喷绘机打印机使用软件	实践操作

任务内容	任务要求	验收方式
制作要求	喷绘机制作户外宣传海报,尺寸100 cm×160 cm	成果展示

4.考核评价

序号	技能要求	评分细则	得分	记录
1	软件制作	软件制作效果图	2分	
2	选择材料和工艺	选择合适的打印材料和工艺	1分	
3	操作喷绘机	检查、启动UV平板打印机	1分	
		设备调试	1分	
		打印输出	1分	
4	成果展示	成果展示	4分	

项目四

广告设计与制作项目实战

思政讲堂

我国古代的广告设计精巧，造型、色彩和图案都具有深刻的文化内涵。不同行业的广告各具特色，酒馆的广告可能是飘扬的旗帜，上面绘制的图案或文字体现出饮酒文化的豪爽与诗意，这是传统文化在商业标识上的生动体现；木雕的招牌上，书法大家或民间艺人书写的店名，承载着汉字文化的魅力，以及商家对信誉和品质的追求。

在现代广告发展中，我们应传承和发扬这些文化元素。鼓励大家在设计广告材料和工艺时，将传统文化与现代技术相结合。比如利用 3D 打印技术来重现传统建筑元素，用于广告展示，既体现现代科技的力量，又展现传统文化的魅力，从而让大家在课程学习中建立起坚定的文化自信，使他们在广告创作中能够充分彰显中华文化风采。

项目介绍

（1）认识从创意构思到成品输出的完整流程，涵盖多种设计与制作方法。

（2）熟悉不同类型广告的特性和设计制作要求，以及它们的目标受众。

（3）掌握广告设计与制作技巧，能独立完成高质量且符合商业需求的广告作品。

任务一　灯箱设计

任务介绍

（1）了解海报设计的基本构成要素，包括图像、文字和色彩。了解海报设计的范畴、艺术表现形式、广告宣传媒体以及广告设计与制作的步骤。

（2）熟悉不同类型海报的特点，如商业海报、公益海报、电影海报等。熟悉各类软件操作、各类广告作品设计，能够根据客户需求设计广告作品。

（3）掌握灯箱海报的制作方法，熟练掌握UV平板打印机的操作流程。

任务描述

通过设计并制作“父爱如山”海报灯箱，掌握海报设计的设计原则及制作流程。

相关知识

1.海报设计

海报设计又称招贴设计，通常是指为实现广告目的和意图，所进行的平面艺术创意性的设计活动或过程。现代海报设计主要基于计算机应用技术，它是广告设计最为重要的组成部分。

海报作为一种常见的大众传播形式，最主要的目的是宣传企业产品，明确的目的性是它的基本特性。同时海报设计作为一种艺术形式，还应具有审美性，因此这种基于计算机相关设计软件对图像、文字、色彩、版面、图形等表达广告的元素进行处理的过程，是一种综合了创意与实践的平面设计活动。使用海报进行宣传是企业增强竞争力，扩大知名度的有效手段之一。

（1）海报的分类

①商业海报

商业海报是指企业通过宣传商品或传达商业信息，达到商品促销或推广目的的海报。商业海报的设计，要恰当地配合产品的格调和受众对象（如图4–1、4–2所示）。

②文化海报

文化海报主要是指学校或社会为教育传播活动所设计的一类海报。此类海报以宣传各种社会文娱活动及各类展览活动为主（如图4–3所示），包括招生、文艺活动（如图4–4所示），展览、体育活动等。文化活动的种类很多，不同的文化活动都有各自的特点，设计师设计海报时需要根据文化的内容，运用恰当的方法表现其内容和风格。

图4-1　商业海报（1）

图4-2　商业海报（2）

图4-3　文化海报（1）

图4-4　文化海报（2）

③电影海报

电影海报是海报的分支，电影海报主要是起到吸引观众注意、刺激电影票房收入的作用（如图4-5、4-6所示），与文化海报等类似。

图4-5　电影海报（1）

图4-6　电影海报（2）

④公益海报

公益海报是以社会公益事业为宣传目的的海报，此类海报带有一定的思想性，主要由政府或团体向民众进行政策或观念的宣导，具有特定的教育意义（如图4-7、4-8所示）。

图4-7　公益海报

图4-8　公益海报

2.海报设计的原则

（1）主题突出原则

海报设计的首要原则是突出主题。海报所传达的核心信息必须清晰明了，无论是宣传活动、推广产品还是倡导理念，都应让观众在瞬间捕捉到重点。例如，设计一款新手机的宣传海报，手机的外观、关键性能参数和品牌标识要占据显著位置，成为视觉焦点，避免其他无关元素干扰主题的传达。

（2）视觉吸引原则

视觉吸引力是海报成功的关键。运用鲜明的色彩对比、独特的图形设计和巧妙的排版布局来抓住观众的目光。比如，在音乐节海报中，使用高饱和度的色彩搭配，如热烈的红色与充满活力的紫色，结合炫酷的乐队表演画面和富有动感的文字排版，使海报在众多宣传资料中脱颖而出，激发观众进一步了解的欲望。

（3）简洁明了原则

简洁是海报设计的重要准则。避免信息过载，海报内容应简洁易懂，元素不宜过多。观众通常只是快速浏览海报，复杂的设计会让他们失去耐心。像促销海报，只需呈现优惠信息、活动时间和必要的商品形象即可，简洁的文字和画面能更高效地传达核心内容。

（4）创意独特原则

创意和独特性赋予海报灵魂。以新颖的方式诠释主题，通过独特的视觉风格或表现手法使海报与众不同。以环保海报为例，可以将垃圾组成的海洋生物形象呈现出来，这种独特的创意能深刻触动观众的心灵，引发他们对环保问题的关注和思考，区别于传统的环保宣传画面。

（5）协调统一原则

海报要保持整体性和协调性。色彩、图形、文字等元素需相互配合，风格一致。例如，古典艺术展览的海报，可采用古朴的色调，如棕褐、米黄，搭配古典风格的绘画或雕塑图案，文字也选用具有古典韵味的字体，营造出和谐统一的氛围，给观众完整而舒适的视觉体验。

3.海报设计的构思方法

由于海报具有尺寸大、远视强、艺术性高的特点，在设计时，要注意构图、文字、色彩的视觉表现力，在构思时，我们可以从以下几方面着手进行。

（1）文字

注重文案的创意，可以采用文字示意表现、文字堆叠表现、文字谐音表现和图文组合的方式（如图4–9所示）。

图 4-9　文字海报

（2）图形

①摄影实物表现

摄影实物表现的画面直观，容易识别，不会产生歧义（如图4-10、图4-11所示）。

②插画、漫画表现

插画、漫画表现使画面具有趣味性和幽默感。

③绘图表现

绘图表现包括写意绘图和写实绘图两种表现，写意绘图适合表现传统意境的海报。通过计算机PS、AI设计制作的图形艺术感强、层次清晰，觉冲击力增强。

（3）色彩

海报设计的色彩应根据海报内容确定，一般商业海报色彩丰富（如图4-12所示），非商业海报因为要展现文化内涵或起到警示作用（如图4-13所示），所以选用的色彩较为简单，使用平涂的手法较多。

图 4-10　摄影实物表现海报（1）

图 4-11　摄影实物表现海报（2）

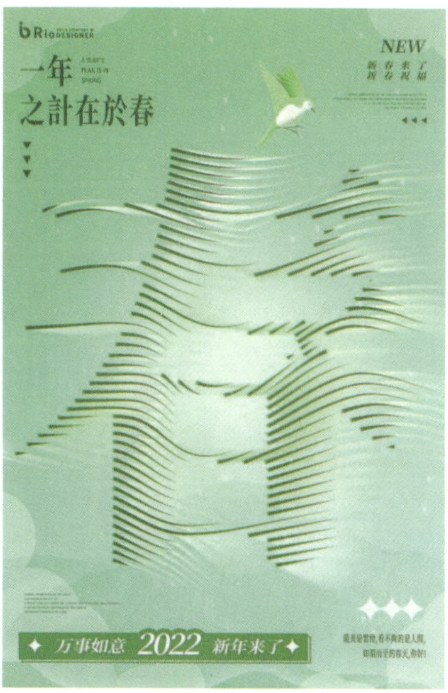

图 4-12　色彩海报（1）

图 4-13　色彩海报（2）

（4）编排

应用“美的形式”原理，追求图形的单纯、反复、调和、秩序、统一、均衡、比例、对比、渐层、律动的效果。留白的处理，海报适当的留白可以使画面产生“气韵”，使海报具有“诗性”和“诗意”，起到“以一当十”“计白当黑”的效果（如图4-14所示）。

图4-14　留白设计海报

实战项目

“父爱如山”海报灯箱制作

制作“父爱如山”灯箱海报所需的设备、材料、工艺和技能点。

1.设备

（1）UV平板打印机机或喷绘机：用于制作灯箱画面。

（2）雕刻机：用于制作灯箱背板。

（3）铝材切割机：确切割铝型材以适应灯箱的尺寸。

（4）电钻：用于在边框上钻孔以及安装螺丝。

2.材料

（1）铝型材边框：用于构建灯箱的框架，提供支撑和固定。

（2）软膜或刀刮布：作为灯箱的画面展示材料。

（3）LED 灯条：提供光源，确保灯箱有足够的亮度和均匀的照明效果。

（4）背板：PVC 板或铝塑板，用于支撑和固定灯条。

（5）角码和螺丝：用于连接和固定铝型材边框。

（6）胶水或胶带：用于固定灯条、画面等。

（7）电源适配器：为 LED 灯条提供稳定的电源。

3. 主要工艺

卡布灯箱制作工艺。

4. 技能点

（1）UV 平板打印机或喷绘机的操作技能。

（2）卡布灯箱框架制作工艺。

（3）安装光源、画面、背板、调试灯箱的亮度等技能。

实践操作

1. 确定尺寸和设计

（1）根据安装位置和展示需求，确定海报灯箱的尺寸，如长度、宽度和厚度。

（2）进行海报灯箱画面的设计，包括图案、文字、色彩等。

2. 准备材料

（1）铝型材边框：选择合适的规格和颜色。

（2）背板：通常使用 PVC 板或铝塑板。

（3）光源：LED 灯条。

（4）画面材料：PVC 软膜或刀刮布。

3. 组装边框

按照尺寸切割铝型材边框，并使用角码和螺丝将边框组装成、框架。

4. 安装背板

将背板固定在边框内部，确保平整牢固。

5. 安装光源

将 LED 灯条沿着边框内侧均匀安装，连接好电源线，并进行测试，确保灯光正常且亮度均匀。

6. 制作和安装画面

（1）根据设计尺寸，将软膜或刀刮布等画面材料进行裁剪和印刷。

（2）用 UV 平板打印机或喷绘机制作正面画面。

（3）用雕刻机机雕刻出与正面画面同样大小的 PVC 板背板。

（4）通过四边的卡槽将画面嵌入边框，使其紧绷平整。

7. 电源连接和调试

连接外部电源，再次调试灯光亮度和均匀度。

8. 质量检查

检查边框是否牢固，画面是否平整、无褶皱和污渍，灯光是否正常。

注意：在制作过程中，要注意操作规范，以确保海报灯箱的质量和效果。

9. 制作效果如图 4-15、图 4-16 所示。

图 4-15　父爱如山海报灯箱

图 4-16　父爱如山海报灯箱

任务拓展

请为学校食堂设计一幅尺寸为 60 cm×90 cm，“节约粮食”的主题海报。设计要求如下。

（1）风格简洁直观，色彩温暖。

（2）包含醒目主标题，如“节约粮食，从点滴开始”。

（3）布局合理，突出重点。

（4）尺寸应适合食堂，材质应耐用。

（5）素材需合法，内容要积极。

（6）写出相关的设计说明。

任务二　IP形象设计

任务介绍

（1）了解IP形象设计的概念和意义，以及IP形象设计在品牌塑造、市场营销等方面的作用。

（2）熟悉IP形象设计的要素，如形状、线条、色彩、纹理等，以及如何运用这些要素来传达品牌的个性和价值。

（3）掌握制作发光卡通形象的技能，熟悉操作3D打印机和雕刻机操作流程，以及所涉及的制作工艺与材料。

任务描述

通过设计并制作“发光乔巴”的IP形象发光图形，掌握发光字和发光图形的设计原则及制作流程。

相关知识

1.IP形象设计

IP形象设计是指为企业或品牌打造一个独特的、具有辨识度的形象设计，通常表现为卡通形象、吉祥物、虚拟人物等。这种形象设计可以快速吸引顾客的注意力，提升目标的认知度，是一种非常有效的营销手段。在进行IP形象设计时，需要做好IP的情感定位，并结合品牌故事和渠道推广，才有可能打造出一个成功的IP形象。

2.IP形象设计的原则

（1）目标受众定位

IP形象设计要根据目标受众的喜好和需求进行设计定位，确保形象能够吸引或打动目标受众。例如，如果目标受众是儿童，那么IP形象的设计应偏向可爱；如果目标受众是年轻人，那么IP形象的设计应更加时尚、个性化。

（2）品牌定位

IP形象要与品牌的核心价值观和定位相符合，确保形象能够传达出品牌想要表达的信息。例如，如果品牌定位为高端、专业，那么IP形象应更加成熟、稳重；如果品牌定位为年轻、活力，那么IP形象则可以更加动感、时尚。

（3）独特性和辨识度

IP形象要具有独特性和辨识度，让消费者能够一眼就记住并识别出品牌形象。设计时要避免模仿，不得抄袭，确保形象的独特性和原创性。

（4）互动性和延展性

IP形象要具有互动性和延展性，能够与消费者建立情感连接，并且可以在不同的媒介和场景中应用。例如，IP形象可以出现在产品包装、广告、社交媒体等各种场景中，增强品牌的曝光度和认知度。

（5）时代性和地域性

IP形象要考虑时代特点和地域文化，确保形象能够符合当下审美趋势和地域特色。设计时要充分了解目标市场和消费者的文化背景，避免文化冲突和误解。

（6）简洁性和直观性

IP形象要简洁明了，直观易懂，让消费者能够快速理解品牌形象和内涵。过于复杂和抽象的形象往往难以被消费者接受和记忆。

（7）一致性

IP形象在设计过程中要保持一致性，确保形象的各个元素和细节都能够相互协调和统一。这有助于增强品牌形象的完整性和连贯性，让消费者更容易接受和记住品牌。

3.IP形象设计的构思方法

（1）从故事背景入手

每个成功的IP形象都有其独特的故事背景作为支撑。深入挖掘和构思一个丰富、有趣且富有内涵的故事，它可以是奇幻冒险、温馨情感、励志成长等多种类型。例如，迪士尼的米老鼠形象，其诞生于充满欢乐和奇思妙想的动画世界故事中。在设计时，要考虑这个故事背景如何体现在IP形象的外貌、性格和行为上。如果故事是关于古老神秘的魔法森林，IP形象可能会带有一些神秘元素，如身上有魔法印记，穿着具有森林特色的服饰，其性格可能是机灵且充满好奇心的，与故事背景中的神秘氛围相呼应。

（2）依据目标受众确定风格

明确IP形象所面向的目标受众群体至关重要。不同的受众群体对风格的偏好差异很大。如果目标受众是儿童，IP形象风格通常会偏向色彩鲜艳、造型可爱且简单易懂。像小猪佩奇的形象，以粉色为主色调，简单的圆形和线条构成其可爱的外貌，非常符合儿童的审美。而如果面向的是青少年或年轻人，风格可能会更潮流、酷炫或具有一定的文化深度。比如一些动漫IP形象，融入了赛博朋克、蒸汽朋克等流行文化元素，以吸引追求时尚和个性的年轻受众。针对成年受众，IP形象或许会更注重品质感和内涵，在设计上更加精致复杂。

（3）结合文化元素赋予内涵

文化元素是丰富 IP 形象内涵的重要源泉。可以从传统文化、地域文化或流行文化中汲取灵感。以中国传统文化中的孙悟空形象为例，它融合了神话传说、佛教文化等多种元素，具有反抗权威、勇敢机智等丰富内涵。在设计新的 IP 形象时，可以将类似的文化元素进行创新融合。比如把传统文化中的瑞兽麒麟与现代科技元素相结合，创造出一个既具有古老神秘色彩又带有未来感的 IP 形象。地域文化也能为 IP 形象增色不少，比如北欧风格的 IP 形象可能会有简洁的线条、冷色调以及与北欧神话相关的元素。

（4）突出独特个性与特征

IP 形象需要有鲜明的个性和独特的视觉特征，才能在众多形象中脱颖而出。这些特征可以体现在外貌、性格、行为或特殊能力等方面。例如，哆啦 A 梦的圆形身体、没有耳朵、神奇口袋等外貌特征，以及它善良、乐于助人的性格和能拿出各种神奇道具的特殊能力，使其成为一个极具辨识度的 IP 形象。在构思过程中，要刻意塑造这种独特性，避免与已有的 IP 形象产生混淆。可以通过夸张、变形、组合等设计手法来强化这些特征，让 IP 形象更容易被记住和识别。

（5）考虑多维度的拓展性

优秀的 IP 形象应该具有良好的拓展性，能够在不同的媒介和产品领域中保持其魅力和一致性。在构思阶段就要考虑到 IP 形象在动画、游戏、周边产品等多种应用场景中的呈现方式。例如，设计一个动物 IP 形象时，要考虑它在二维动画中的动作表现是否流畅自然，在三维游戏中模型的细节和质感是否合适，在周边产品如玩具、文具、服装上的印花效果是否美观。这种多维度的拓展性要求 IP 形象在设计时要保持简洁性和通用性，同时又能适应不同的风格化需求，确保其在各种衍生产品中的商业价值最大化。

实战项目

“IP形象乔巴”发光形象制作

制作“IP形象乔巴”发光形象所需的设备、材料、工艺和技能点。

1. 设备

（1）3D 打印机：用于打印出所需的形象模型。

（2）电脑：用于设计和处理 3D 模型。

（3）焊锡机：用于焊接电线与 LED 灯珠。

2. 材料

（1）PLA（聚乳酸）：打印材料，具有较好的打印性能和色彩选择。

（2）LED 灯带：可以提供连续的发光效果。

（3）电线：用于连接 LED 灯和电源。

（4）胶水：如热熔胶、AB 胶等，用于固定发光组件和电线。

（5）开关：控制发光组件的开启和关闭。

3. 主要工艺

3D 打印制作工艺。

4. 技能点

（1）3D 打印制作工艺的技能。

（2）焊接工艺的技能。

（3）组装电源技能。

实践操作

1. 设计模型

使用 3D 建模软件（如 Blender、SolidWorks、AutoCAD 等）创建发光形象的三维模型。在设计时，要考虑发光组件（如 LED 灯、灯带、导光板等）的安装位置和空间。

2. 模型切片

将设计好的 3D 模型导入切片软件（如 Cura、PrusaSlicer 等），设置打印参数，如层高、填充密度、打印速度等。切片软件会将 3D 模型切成一系列薄层，生成打印机可识别的 G 代码。

3.3D 打印

将切片后的 G 代码文件传输到 3D 打印机，选择合适的 3D 打印材料（如 PLA、ABS、PETG 等），启动打印机进行打印。打印过程中要注意观察打印质量，及时处理可能出现的问题，如翘边、堵头。

4. 安装发光组件

（1）根据设计，在打印好的模型上钻孔或开槽，用于安装发光组件（LED 灯珠、灯带等）。

（2）使用电线将 LED 灯珠或灯带与电池、开关连接起来，注意正负极的连接。

（3）可以使用热缩管保护电线连接处，增加安全性和稳定性。

5. 电路连接与测试

（1）完成电路连接后，使用电池或电源适配器为电路供电，测试发光效果是否符合预期。

（2）检查是否有短路、断路等问题，如有问题及时排查和修复。

6. 固定和封装

用胶水（如热熔胶、AB 胶等）将发光组件和电线固定在模型内部，确保其牢固且不会松动。

7. 表面处理（可选）

对打印好的模型表面进行打磨、抛光等处理，以提高外观质量和光线透过效果。

8. 最终调试

再次接通电源，检查发光形象的整体效果，包括亮度、颜色均匀度、光线分布等，进行必要的调整和优化。

注意：制作过程中要小心操作，确保电路安全，呈现出良好的发光效果。

9. 制作效果图如4-17、如4-18、如4-19所示。

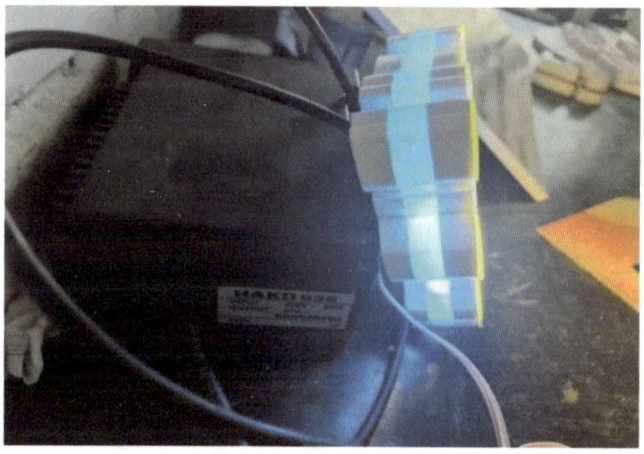

图4-17　发光IP乔巴发光侧面

图4-18　发光IP乔巴发光正面

图4-19　发光IP乔巴正面

任务拓展

以生肖“兔”作为主题设计IP形象。设计要求如下。

（1）形象可爱亲切，富有活力。

（2）融入兔的典型特征，如长耳、短尾。

（3）色彩搭配协调。

（4）具备独特的个性和风格。

（5）体现吉祥、美好的寓意。

（6）写出相关的设计说明。

任务三 图形创意—甘肃地图

任务介绍

（1）了解图形创意在广告、设计、艺术等领域的应用及其重要性。

（2）熟悉常见的图形创意表现形式，如正负形、同构、异变等表现方法。

（3）掌握图形创意的基本元素，如点、线、面、色彩等的运用规律。

任务描述

通过设计并制作创意“甘肃地图”的发光图形，掌握操作3D打印机、激光切割机、激光雕刻机和UV平板打印机等设备，制作出“甘肃地图”的发光图形。

相关知识

1.图形创意设计

图形创意设计是一种视觉设计方式。它通过创造性思维，对图形元素进行挖掘、组合和转化。

从目的上看，是为了有效传达信息、唤起情感或打造品牌形象。在手法上，利用点、线、面这些基本元素，通过如元素替代、同构等创意方法构建图形。例如，将机械元素与动植物形态结合。

它广泛应用于广告、品牌、包装等领域。在广告中吸引受众目光，品牌设计里塑造品牌个性，包装设计上提升产品吸引力。总之，图形创意设计是赋予图形新的生命力，让其超越简单的形状描绘，具有创意和传播价值的设计活动。

2.图形创意设计的原则

（1）对称与不对称

对称设计在美学上具有庄重、稳定、和谐的特点；不对称设计则更具有创意和活力。

（2）重复与对比

通过重复相似的元素或者对比不同的元素，可以产生独特的视觉效果，吸引观众的注意力。

（3）色彩和形状

合理运用色彩和形状，能够引导观众的视线，增强设计的视觉冲击力。

（4）空白和留白

恰当空白和留白可以提升设计的简洁性和易读性，让设计更加舒适和清晰。

（5）黄金分割

黄金分割是一种常用的比例关系，能够带来美感和和谐感，在设计中广泛应用。

3.图形图像设计的构思方法

（1）添加图形

添加图形是通过想象在一个自然形态中加上另外一个形，使两个原本毫无相关的形融为一体，构成有趣的超常规的组合。

（2）形的破坏、分解与组合

①形的破坏是指对原有的形态有意识地进行破坏，使人对司空见惯的形象获得一种新的视觉效果。在破坏中诞生新的形象和特殊的意义，从而表现一种残缺的美。形的破坏方式有裂像、残像、隐像。

②分解组合是指将原有的图形打散、重新组合，或与其它形象重新组合、重叠，构成一种超现实的、奇异组合，会在视觉上产生强有力的冲击。

（3）正负形与共用形

①正负形，是指正形和负形相互借用，相互反转，在一种形态结构中体现两种形的交错的图形。正形和负形的比例越接近，反转的效果越强烈（如图4-20所示）。

图4-20　正负形

②共用形是图形创意设计中一种独特而精妙的表现形式。它是指两个或多个图形相互依存、相互借用部分轮廓或元素，形成一个有机的整体。这些图形在视觉上彼此共享某些部分，使得每个图形的完整性在这种共享关系中不但没有被破坏，反而创造出一种全新的视觉形象和意义。比如著名的太极图，黑白两部分相互环抱，共用一条曲线，黑中有白，白中有黑，既体现了阴阳相互对立又相互依存的哲学思想，又展示出共用形在传达复杂内涵时的简洁与深刻，能给人以奇妙的视觉感受和丰富的联想空间（如图4-21所示）。

（4）影子的利用与表现

物体可以通过影子表现出光源的方向和空间感。可以在图形设计中可以利用影子和形的相互关系，表现出图形深层的内涵或趣味性（如图4-22所示）。

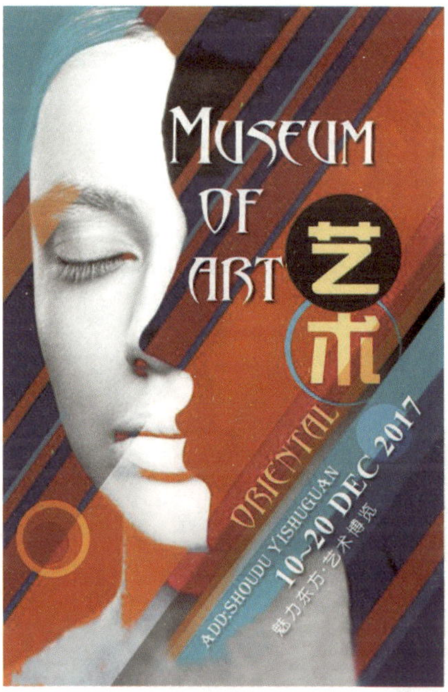

图4-21　共用形

图4-22　影子的利用与表现

（5）同构图形

同构图形设计方式是一种极具创意的设计手段，主要包括异形同构、置换同构和正负形同构等。异形同构是把不同形态、结构或功能的物体巧妙拼接，如将飞鸟与飞机结合，在保留各自部分特征的同时产生新意义，打破思维定式，带来新奇视觉冲击。置换同构则是在主体图形结构不变时用其他元素替换部分元素，像把古典雕像手中物品换成现代物件，引发古今文化碰撞思考，要注意替换元素与主体关联性及位置等。正负形同构利用图与底关系，如鲁宾之杯，正负形相互依存衬托，丰富内涵，增加解读层次，可用于多种设计领域。这些方式都需精心构思，使图形准确传达设计意图。

①相似形的同构（元素的替代）

将两个完全不同的物体根据造型上的相似性，各取一部分拼合成一个新形象，以此来传达更为丰富深刻的寓意。

②相似含意的同构

利用含意之间的相似性，以一事物的形象联想或比喻他事物，以获得心理和认识经验上的一致，表现出主题的内涵和深度。

③相似形意的同构

用外形特征的相似性以及另一种物象的特性，将两者结合起来传达创意。这种设计方法不仅具有视觉冲击力，还能在心理上产生强烈的共鸣（如图4-23所示）。

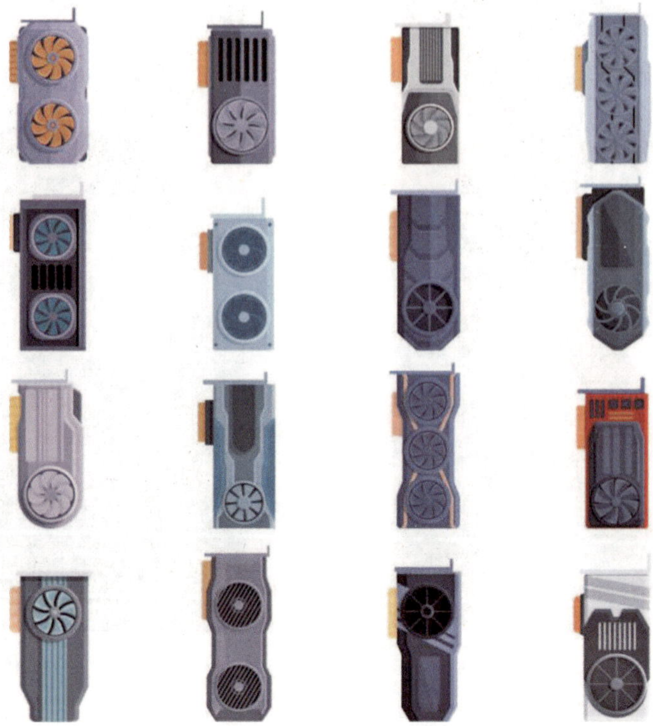

图4-23　相似形意的同构

（6）变异图形

①渐变

一种形象逐渐演变成另一种形象的过程，是量变到质变的过程（如图4-45所示）。渐变可以是两个完全不同的形之间的渐变，也可以是相同外形中内容的变化，还可以是一个形的完整到残缺、大小、方向的渐变等。

②突变

突变指在规律的形象中，局部突然发生变化，使意义出现转折，也使突变成为视觉的焦点。突变使主题内容更加鲜明突出。

变异的方法还有很多，特别是现在利用电脑技术能实现多种变化，但无论如何变异，都必须有好的创意，通过变化表现主题深刻的思想内涵并传递出明确、清晰的信息。

（7）拟人图形

将要表现的事物对象（动、植物、器物等非人物形象）拟人化（如图4-24所示）。用生动、有趣、幽默的表现方法传递主题的思想及商品的信息。

图4-24　拟人图形

（8）其它图形

如夸张对比图形、文字图形、点线图形、倒置图形、蒙太奇图形、幽默图形等。

实战项目

制作图形创意“甘肃地图”发光效果

制作图形“甘肃地图”发光效果所需的设备、材料、工艺和技能点。

1. 设备

（1）3D打印机：用于制作特定的形状结构来容纳发光组件。

（2）激光切割机和雕刻机：需要对材料进行精确切割和雕刻。

（3）UV平板打印机：用于打印图形中的字。

2.材料

（1）透光材料：亚克力板，用于承载和展示发光图形。

（2）PVC板：用于形状背面材料。

（3）发光元件：LED灯珠。

（4）控制模块：如果需要实现闪烁、渐变、变色等效果，可能需要相应的控制模块，如Arduino开发板等。

（5）反光材料：如反光膜，增强光线的反射效果。

（6）电线：用于连接电源和发光元件。

（7）金属丝或铝条：用于构建图形的框架或支撑结构。

（8）胶水或胶带：用于固定元件和连接部件。

3.主要工艺

3D打印工艺、UV平板打印工艺、雕刻机雕刻工艺、激光切割机切割工艺。

4.技能点

（1）3D打印机、UV平板打印机、激光雕刻机、激光切割机机等设备的操作技能。

（2）安装光源、组装画面、安装背板、调试灯箱的亮度等技能。

实践操作

1.设计规划

（1）确定发光图形的设计理念、尺寸、形状和预期效果。

（2）确定合适的发光元件，如LED灯珠、EL冷光片。

2.材料准备

（1）根据设计选择相应的发光元件，如特定颜色和亮度的LED灯珠、EL冷光片。

（2）准备亚克力板、PVC板，作为图形的面板和背板。

（3）采购电线、电阻、电源、控制模块（如需要）、电路板（如适用）、胶水、胶带、螺丝等连接和固定材料。

3.图形制作

（1）通过激光切割、雕刻亚克力板来塑造图形的形状。

（2）使用激光切割、雕刻PVC板。

（3）使用UV平板打印机打印图形所需的文字和线条。

4.框架制作

（1）按照设计尺寸切割框架材料。

（2）使用角码和螺丝将框架组装起来，确保结构稳固。

5. 电路组装

（1）在电路板上或直接在图形背面，根据电路设计焊接或连接LED灯珠、电阻等元件。

（2）确保电路连接正确，正负极无误，并使用绝缘材料保护电路。

6. 安装发光元件

（1）将发光元件固定在图形的预定位置，可以使用胶水、螺丝或夹子固定。

（2）固定LED灯珠时，要注意排列均匀，以获得均匀的发光效果。

7. 连接电源和控制模块

（1）将电源与电路连接，根据电源类型（直流或交流）和电压进行正确的接线。

（2）如果需要实现特殊的发光效果，如闪烁、渐变等，安装并连接相应的控制模块，并进行编程设置。

8. 测试与调试

（1）接通电源，测试发光图形是否正常工作，检查发光亮度、颜色和效果是否符合预期。

（2）如个别灯珠不亮、亮度不均匀等，应进行故障排查和调试。

9. 封装与保护

（1）对电路及连接部分进行封装，应使用绝缘胶带、热缩管或外壳等，防止短路和损坏。

（2）对整个发光图形进行清洁和表面处理，以提高外观质量。

10. 最终检查

再次测试发光图形的性能和效果，确保其稳定可靠。

注意：具体的流程可能因发光图形的复杂程度、使用的材料和技术而有所不同。在制作过程中，特别是在处理电路和电源时，要遵循安全操作规范。

11. 制作效果图如图4-25、图4-26所示。

图4-25　甘肃地图不发光图

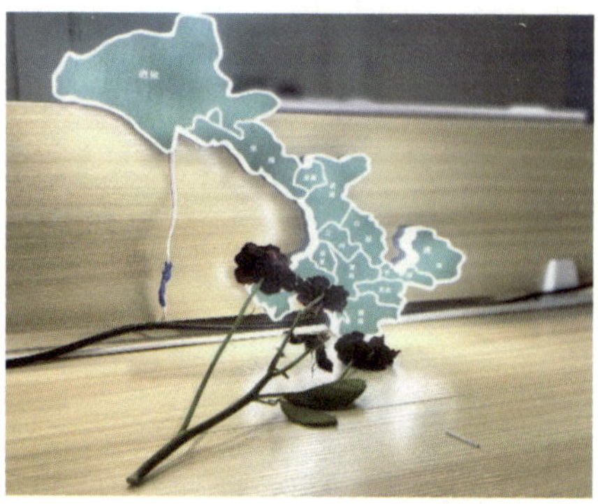

图4-26　甘肃地图发光图

任务拓展

以陕西皮影为元素进行图形创意设计。设计要求如下。

（1）保留陕西皮影的典型特征，如造型轮廓、色彩风格等。

（2）创新组合皮影元素，展现独特创意和现代审美。

（3）应适用于多种场景，如海报、包装、文创产品等。

（4）体现陕西地域文化特色和内涵。

（5）色彩搭配应协调，图形应清晰、有视觉冲击力。

（6）写出相关的设计说明。

任务四　字体设计

任务介绍

（1）了解字体设计的基本概念，包括字体的分类、风格特点以及在不同领域的应用。

（2）熟悉不同字体的结构和笔画特点，能够区分和辨别各种字体风格。

（3）掌握基本的字体设计原则，如可读性、协调性、独特性等，并能在分析作品时运用这些原则。

任务描述

通过创意设计“梦幻之旅”主题字体，。设计过程中要注重字体的美感、协调性与实用性，使字体能够准确传达相关信息，提升整体视觉效果。

相关知识

1.字体设计

字体设计是一种对文字的形态、结构、笔画、比例等进行创意性的改造和创新的艺术与设计活动。它旨在通过对字体的精心构思和设计，使其不仅具备传递信息的基本功能，还能在视觉上展现出独特的魅力和个性，从而吸引观众的注意力，增强信息传达的效果。

字体设计师运用各种技巧和方法，如调整笔画的粗细、长短、曲直，改变字体的外形轮廓，重新构建字体的结构，或者融入特定的元素和风格，来创造出符合特定需求和情境的字体样式。

这些设计后的字体可以应用于标志设计、海报制作、书籍排版、包装装潢、网页界面等众多领域，以达到更好的视觉传达和品牌塑造的目的。总的来说，字体设计是将文字从单纯的符号转变为具有审美价值和表现力的视觉元素的过程。

2.字体设计的原则

（1）可读性原则

这是字体设计的首要原则。无论字体如何创新和变化，都必须确保清晰易读，让观众能够迅速、准确地理解所传达的信息（如图4–27所示）。

图 4-27　深圳城市标志

（2）适应性原则

字体应适应其使用的环境和媒介。例如，在小尺寸的屏幕上显示的字体需要更简洁、清晰；而在大型广告牌上的字体则可以更具表现力和冲击力。

（3）一致性原则

在一组字体或一个设计项目中，字体的风格、大小、粗细等应保持一致，以营造整体的和谐感。

（4）协调性原则

字体要与设计的整体风格、色彩、图形等元素相互协调，共同传达统一的主题和情感。

（5）可扩展性原则

设计的字体应能够在不同的应用场景和尺寸下保持良好的效果，便于放大、缩小或修改。

（6）文化适应性原则

考虑到不同文化背景下对字体的理解和接受程度，避免可能引起误解或不适的设计。

3. 字体设计的构思方法

（1）从主题出发

深入理解设计项目的主题和核心信息，根据主题的特点、情感倾向和氛围来构思字体的风格。比如，欢快的主题可能适合圆润、活泼的字体；严肃的主题可能需要规整、挺拔的字体。

（2）借鉴传统文化

从传统文化元素如书法、民间艺术、传统图案中汲取灵感，将其融入到字体设计中，赋予字体深厚的文化底蕴（如图 4-28 所示）。

图 4-28　“观云间”字体设计

（3）观察周围事物

从自然界的形态、物体的形状、建筑的结构等现实中的元素获取灵感（如图 4-29 所示）。

图 4-29　“火锅”标志设计

（4）强调个性特征

突出字体所要表达的个性特点，如时尚、复古、简约、奢华等。通过特定的笔画处理、装饰元素的添加或删减来实现（如图 4-30 所示）。

图 4-30　“端午节”字体设计

（5）变形与夸张

对字体的笔画、结构进行适度的变形和夸张（如图4-31所示）。

图4-31 海报字体设计

（6）故事联想

根据相关的故事、传说或者个人的经历来构思字体，使字体能够传达出特定的情感和故事内涵（如图4-32所示）。

图4-32 “生日会”字体设计

（7）逆向思维

打破常规的字体设计思路，尝试反其道而行之。（如图4-33所示）。

图4-33　“立冬”字体设计

实战项目

设计并制作“3D打印字”亚克力字体

制作“3D打印字”亚克力字体标志所需设备、材料、工艺、技能点。

1.使用设备

（1）激光切割机：用于精确切割亚克力板材，以获得字体的形状。

（2）雕刻机：可以在亚克力表面进行雕刻，增加细节和纹理。

（3）抛光机：对切割和雕刻后的边缘进行抛光，使其光滑平整。

（4）热弯机：需要制作弯曲形状的字体标志，热弯机可以对亚克力进行加热并弯曲成型。

（5）钻孔机：用于在亚克力上钻孔，以便安装固定。

2.材料

（1）亚克力板材：有不同的颜色、厚度和透明度可供选择，以满足设计需求。

（2）胶水：用于粘接亚克力部件，如亚克力专用胶水或无影胶。

（3）照明元件：如LED灯带、灯珠等，以及对应的电线和电源。

（4）保护膜：在加工过程中保护亚克力表面免受划伤。

（5）胶水喷枪或点胶机：用于粘接亚克力部件。

（6）颜料或镀膜材料（如有需要）：用于改变亚克力的表面颜色或效果。

（7）安装配件：如螺丝、螺母、支架等，用于将字体标志固定在指定位置。

3. 主要工艺

3D打印工艺、焊接工艺。

4. 技能点

（1）切割工艺的技能。

（2）雕刻工艺的技能。

（3）安装电源，安装正面、背面的技能。

实践操作

1. 设计和排版

使用设计软件创建所需的字体和图案，并进行排版，确定字的大小、形状和布局。

2. 选材

根据设计要求，选择合适厚度和颜色的亚克力板材。

3. 切割

使用激光切割机或雕刻机将亚克力板材按照设计形状切割成字的各个部分。

4. 打磨和抛光

对切割后的亚克力边缘进行打磨，使其光滑平整。可以使用砂纸或抛光机进行处理。

5. 雕刻或热弯

如果需要制作具有立体感的亚克力字，可以使用雕刻机进行雕刻，或者使用热弯机对亚克力进行加热弯曲。

6. 组装

将切割好的亚克力字的各个部分进行组装，可以使用胶水或其他粘合剂进行固定。

7. 光源安装

如果需要使亚克力字发光，可以安装LED灯带或其他光源。确保光源的安装位置合适，并且能够均匀照亮字体。

8. 测试和调整

在完成组装后，进行测试，检查亚克力字的亮度、均匀性和外观。如有需要，可以进行调整和修复。

9. **制作效果图如** 4–34 **所示**。

图 4–34“3D 打印字”亚克力字体

任务拓展

以“梦幻之旅”为题，设计一款充满奇幻色彩，富有流动感和飘逸感的字体，设计要求如下。

（1）字体应呈现出浪漫、奇幻、空灵的风格，能够唤起人们对梦幻世界的向往。

（2）应融入与旅行、梦幻相关的元素，如飘动的彩带、闪烁的星星、飞翔的鸟儿等，但要确保这些元素的融入不影响识别字体。

（3）建议运用柔和、粉嫩且富有变化的色彩，如淡紫、浅粉、薄荷绿等，或者采用具有梦幻效果的渐变色，如从星空蓝过渡到神秘紫。

（4）写出相关的设计说明。

任务五　标志设计

任务介绍

（1）了解标志在商业、文化、社会等领域的广泛应用。

（2）熟悉不同类型的标志，如文字标志、图形标志、组合标志等，并能分析其特点和适用场景。

（3）掌握深入挖掘品牌内涵和核心价值的方法，使标志能够准确传达品牌的理念和个性。

任务描述

为“中国绿色能源协会”创作独特、易识别且能有效传达其核心价值的标志。

相关知识

1.标志设计

（1）标志的特点

①可识别性

标志作为企业形象的代表，应具有独特性，每个标志都应是独一无二的，用以区别其他同类产品。借助独具个性的标志来强调本企业及其产品的识别力，是现代企业市场竞争的关键，因此在进行标志设计时，必须具有独特的个性和强烈的冲击力。

②领导性

标志作为企业视觉传达要素的核心，在企业进行信息传达时发挥着主导的作用。无论是系列产品还是本企业其他产品，标志都出现在最主要的位置，同时它还贯穿和应用于所有与企业相关的活动中。这都体现出标志在企业的经营理念和经营活动中的领导地位。

③同一性

标志的同一性体现在它是企业、品牌或组织形象的统一象征。在各种媒介和场景中，无论是线上网页、线下宣传资料，还是产品包装、实体店铺等，标志都保持着一致的视觉形象。它就像一个独特的身份标识，让受众在不同的接触点都能迅速识别，从而强化对品牌或组织的印象，确保信息传达的连贯性和稳定性，成为凝聚品牌价值和受众认知的核心视觉元素。

④造型性

标志的造型性是其重要特点。它通过独特的形状、线条和图案来构建视觉形象。简洁而富有创意的造型能使标志在瞬间吸引注意力，无论是具象的图形、抽象的符号还是两者结合，都经过精心设计。好的造型具有独特的视觉美感和强烈的辨识度，能从众多信息中脱颖而出，并且在不同尺寸和媒介中都能保持清晰、准确地传达标志所蕴含的意义。

⑤延展性

企业标志是应用最为广泛、出现频率最高的视觉传达要素，需要在各种传播媒体上广泛应用，因此必须在具有相对的规范性的同时，根据不同的媒介和场合有一定的弹性变化，如进行放大和缩小。这就要求标志针对印刷方式、制作工艺技术、材料质地和应用项目的不同，采用具有较强延展性的设计，以达到最佳的视觉效果。

⑥系统性

企业标志并非一成不变，当企业走向多元化的时候，就需要强有力的标志来统一企业中的各种关系，可以采用同一标志不同色彩、同一外形不同图案或同一标志图案不同结构方式，来强化同一公司中各分公司或不同部门之间系统化的关系，使视觉结构走向多样化。

⑦时代性

通常，标志形象的更新以十年为一期，以适应企业求新求变、勇于创造、追求卓越的精神，避免企业日益僵化，陈腐过时的形象。对现有标志形象进行调整和改进，在保留旧有形象的基础上，采取清新简洁、明晰易记的设计形式，这样才能使企业标志在众多的同类产品中脱颖而出。

2.标志设计的原则

（1）标志设计应具有独特性，避免雷同。

（2）标志设计应具有强烈的视觉冲击力，引人注目。

（3）标志设计应能引发联想，使消费者从标志中领会企业精神内涵。

（4）标志设计应造型优美，具有审美性。

3.标志设计的构思方法

（1）文字标志

①汉字标志

汉字是东方文化的象征，对东方文化具有标志性的代表作用，汉字标志在设计中有多种应用形式，这些形式不仅展现了汉字的独特魅力，还增强了品牌或产品的文化属性和识别度。如：汉字装饰字标志、书法型标志、造字型标志等（如图4–35所示）。

图 4-35　历史文化南字标志

②拉丁字母

拉丁字母主要以英文字母为主，是较常见的一种设计表现形式。拉丁字母具有符号性较强，组合变化丰富，创意空间大的特点，在标志设计中的应用非常广泛，可以创造出各种形式独特、富有创意的标志。如：单独字母标志、字母组合标志、字母与图形结合标志、字母变形与装饰标志等。

③数字标志

数字没有语言障碍，较图形语言更为直观，常给人们留下深刻的记忆，数字在标志设计中的应用非常广泛，可以创造出独特、简洁且富有识别性的标志。如：阿拉伯数字标志、数字与汉字的结合、数字与图形、文字、字母、符号的结合、数字的变形与装饰等。

（2）图形标志

图形标志是利用图形的象征意义，将企业的精神理念视觉化，其特点是生动、形象、便于传达、易于识别和记忆。图形标志可分为具象图形标志和抽象图形标志。

（3）图文组合标志

图文组合标志其实就是图形加上文字标志的综合体，一个好的图文结合标志既可以表达出公司的性质，也可以充分表达公司的个性，在现代企业标志设计中被广泛采用。

任务拓展

请为“中国绿色能源协会”设计一套标志方案，并说明你的设计理念。设计要求如下。

（1）主色调为绿色，象征绿色能源和环保。

（2）融入代表风能、太阳能、水能等的元素。

（3）造型简洁流畅，具有现代感和科技感。

（4）体现“中国”特色，可适当加入中国元素。

（5）保证标志的可识别性和独特性。

（6）写出相关的设计说明。

任务六　文创产品开发

任务介绍

（1）了解文创产品在文化传承、经济发展和社会影响方面的作用。

（2）熟悉常见的文化元素，如历史典故、传统工艺、民俗风情等，并能分析其在文创产品设计中的应用可能性。

（3）掌握一定的市场调研方法，能够对目标受众的需求、喜好和消费习惯进行调研和分析。

任务描述

挖掘文化内涵，将“麦积山石窟“文化与创意设计融合，打造兼具艺术与实用的产品。

相关知识

1. 文创设计

文创设计即文化创意设计，文化创意设计的关键技术在于元素的萃取与转化。文化创意产业包括广播影视、动漫、音像、传媒、视觉艺术、表演艺术、工艺与设计、雕塑、环境艺术和计算机服务等。

（1）文创设计的特点

①文化性

文创设计的主要特点是文化性。在设计过程中，设计师需要对传统文化进行深入的挖掘和提炼，将其精髓融入到设计中，使作品具有文化的内涵和特色。

②创新性

文创设计的另一个特点是创新性。设计师需要运用现代设计理念和技术手段，将传统文化元素与现代设计相结合，创造出具有独特魅力和市场价值的作品。

③实用性

文创设计还需要考虑到实用性。设计师需要将文化的元素与实际应用相结合，使作品既具有文化价值，又具有实用价值。

2. **文创设计的原则**

（1）文化性

文创产品的设计应该具有文化特征和内涵。设计师需要深入了解和研究目标文化的历史、传统、习俗、艺术、价值观等，从中提炼出具有代表性的元素和符号，将其融入到产品设计中，使产品具有深厚的文化底蕴和独特的地域特色（如图4-36所示）。

图4-36　兵马俑文创

（2）创新性

文创产品设计需要打破传统思维，追求创新和独特。设计师可以通过对材料、结构、功能、外观等方面的创新，赋予产品独特的形态和功能，满足消费者的个性化需求。同时，文创产品也需要与时代接轨，结合最新的科技和设计理念，创造出具有前瞻性和未来感的产品。

（3）实用性

文创产品虽然强调文化性和创新性，但也不能忽视实用性。设计师需要从用户的需求出发，注重产品的功能性和使用体验，确保产品能够满足用户的基本需求（如图4-37所示）。

图 4-37　文创手提袋

（4）故事性

文创产品应该具有的故事性和情感价值。设计师可以通过产品的包装、宣传、使用场景等方面，营造出具有情感共鸣的产品故事，让消费者在使用产品的同时，感受到产品背后的情感和价值（如图4-38所示）。

图 4-38　文创产品

（5）可持续性

文创产品设计需要考虑环境保护和可持续发展。设计师应该选择环保材料和制造工艺，减少对环境的影响，并且注重产品的可回收和再利用。此外，设计师也可以通过优化产品设计，降低产品的能源消耗和碳排放，实现绿色设计。

（6）人机交互性

文创产品需要注重人机交互的设计。设计师应该从用户的使用习惯和心理需求出发，优化产品的交互方式和界面设计，提高产品的易用性和用户体验。例如，设计师可以通过对产品的交互方式和界面设计，让用户感受到产品的独特魅力和文化内涵。

3. 文创设计的构思方法

（1）用户研究

用户研究是文创产品设计的重要内容。通过深入了解目标用户的需求、喜好和习惯，设计师能够更好地把握设计产品的方向和创意。这可以通过问卷调查、用户访谈、市场调研等方式进行。通过用户研究，设计师可以更好地了解用户的需求，为他们设计出符合需求的产品。

（2）创意发散

创意是文创产品设计的灵魂。创意发散是一种思维方式，通过扩展思维边界来寻找不同的解决方案。设计师可以通过头脑风暴、关联思维、类比思维等方式进行创意发散。创意发散能够帮助设计师打破既定思维模式，发现意想不到的设计灵感，使文创产品更加独特。

（3）原型制作

原型制作是将设计师的创意转化为可视化的产品形态的过程。通过原型制作，设计师们可以更好地展示产品的功能和特点，同时也可以发现和改善产品的不足之处。原型可以是手绘图、3D 打印模型等形式。通过原型制作，设计师们可以更好地与用户进行沟通和反馈，提升产品的可用性和用户体验。

（4）故事叙述

故事叙述是文创产品设计中的重要手法。通过给产品赋予一个生动有趣的故事，能够增加产品的情感共鸣和吸引力。设计师可以通过故事情节、角色设定、场景描绘等方式来进行故事叙述。一个好的故事能够让用户更加容易理解和接受产品，也能够增加产品的附加价值和品牌认同感。

（5）用户测试

用户测试是文创产品设计过程中的重要环节。通过邀请真实用户参与产品测试，设计师可以了解用户对产品的真实反馈和体验。用户测试可以通过实地观察、用户访谈、行为数据分析等方式进行。通过用户测试，设计师可以发现产品的潜在问题和改进空间，进一步提升产品的质量和用户满意度。

（6）持续改进

持续改进是文创产品设计的关键。设计师应该与用户保持良好的沟通和反馈机制，不断收集用户的意见和建议，及时进行产品改进和优化。同时，设计师也应该关注市场的变化和竞争对手的动态，不断学习和更新设计理念，保持创新和竞争力。

文创产品设计方法包括用户研究、创意发散、原型制作、故事叙述、用户测试和持续改进等环节。设计师应该灵活运用这些方法，结合实际情况，为用户创造出更具创意和吸引力的文创产品。

任务拓展

以麦积山石窟为主题设计一组文创产品。设计要求如下。

（1）体现麦积山石窟艺术特色，如雕塑、壁画风格。

（2）产品形式多样，包括但不限于文具、饰品、摆件等。

（3）注重工艺品质，展现文化内涵。

（4）具有实用性和纪念性。

（5）色彩搭配协调，符合麦积山石窟的整体色调。

（6）写出相关的设计说明。

任务七　插画设计

任务介绍

（1）了解插画的基本概念和分类，比如商业插画、儿童插画、艺术插画等。

（2）熟悉不同插画风格的特点和表现技法，能够分析其优缺点。

（3）掌握基本的构图原则和色彩理论，并能运用到简单的插画创作中。

任务描述

设计并绘制一组插画，要求通过生动的画面、独特的风格和鲜明的色彩，精准传达主题、情感、信息，以吸引目标受众并提升项目、产品的视觉吸引力和感染力。

相关知识

1.插画设计

插画设计是一种通过图像来传达信息、讲述故事或营造氛围的视觉艺术形式。插画设计师运用各种绘画技巧和表现手法，结合丰富的想象力和创造力，将抽象的概念、情感、情节等转化为具体的视觉形象。

插画可以是手绘的，如水彩、油画、素描等，也可以通过数字工具创作，如使用数位板和绘图软件。其应用领域十分广泛，包括儿童读物、广告宣传、包装设计、游戏设计、动漫影视、网页设计等。

在儿童读物中，插画能够帮助孩子们更好地理解文字内容，激发他们的阅读兴趣；在广告中，生动有趣的插画能迅速吸引消费者的目光，增强产品的吸引力；在游戏和动漫中，精美的插画更是构建虚拟世界和角色形象的重要元素。总之，插画设计以其独特的魅力和强大的表现力，在现代视觉传达领域中发挥着重要的作用。

2.插画设计的原则

（1）明确目标和受众

清楚插画的用途和预期受众，以便根据他们的需求和喜好来进行创作。

（2）突出主题

插画应紧扣所要表达的核心主题，避免分散观众的注意力（如图4-39所示）。

图 4-39 “保护动物”插画

（3）简洁性

避免过度复杂的元素和细节，以确保信息能够清晰、直接地传达（如图 4-40 所示）。

图 4-40 “大鹅”插画

（4）独特性

具有独特的风格和创意，使其在众多插画中脱颖而出（如图4-41所示）。

图4-41　“少女与花”插画

（5）视觉吸引力

运用色彩、构图、形态等元素，吸引观众的目光并引发他们的兴趣（如图4-42所示）。

图4-42　“小鸟”插画

（6）可读性

图像内容易于理解，观众能够迅速领会插画所传达的含义。

（7）一致性

与整体的设计风格、品牌形象或故事背景保持一致。

（8）情感共鸣

能够触动观众的情感，引发情感上的回应和共鸣（如图4-43、4-44所示）。

图4-43 “熊猫”插画

图4-44 “醒狮”插画

3.插画设计的构思方法

（1）头脑风暴

围绕主题自由联想，写下或画出任何与之相关的想法、概念、形象等，不受限制地激发创意灵感（如图4-44所示）。

图4-44 头脑风暴

（2）故事板法

以类似漫画分镜的形式，初步规划出插画中要呈现的主要情节和画面顺序，有助于构建完整的叙事结构。

（3）元素提取

从主题中提取关键元素，如特定的人物、物体、场景等，然后思考如何以独特的方式展现这些元素。

（4）角色设定

如果插画中有角色，先为角色进行详细的设定，包括外貌、性格、服饰等，使其形象丰满、生动（如图4-45所示）。

（5）场景构建

设想插画发生的具体环境，包括时间、地点、天气等因素，营造出具有氛围感的场景（如图4-46所示）。

图4-45　角色设定

图4-46　场景构建插画

（6）象征隐喻

运用象征和隐喻的手法来表达主题，使插画更具深度和内涵。

（7）联想类比

将主题与其他看似不相关的事物进行联想和类比，找到独特的切入点。

（8）思维导图

以主题为中心，向外发散出与之相关的分支，逐步细化和拓展思路。

任务拓展

以“营养早餐，活力清晨”为主题设计一组插画。设计要求如下。

（1）画面以明亮温暖的色调为主，营造清新活力的氛围。

（2）必须包含丰富的早餐元素，如新鲜水果（如草莓、香蕉）、热牛奶（有腾腾热气）、烤面包（色泽金黄）。

（3）展现人物形象，人物应面带微笑，充满活力。

（4）背景可融入初升的太阳、透过窗户的阳光等元素，强调清晨的感觉。

（5）整体构图和谐，突出早餐的丰盛与吸引力。

（6）写出相关的设计说明。

任务八　文化墙设计

任务介绍

（1）了解常见的文化墙布置场所，如企业、学校、社区等。

（2）熟悉多种展示形式和材料，如海报、图片、文字、立体造型等，并能根据设计需求进行选择。

（3）掌握创意构思的方法，能够设计出独特、吸引人且富有内涵的文化墙。

任务描述

以“校园多彩生活文化”为主题，运用创意和设计手法打造具有吸引力和表现力的文化墙。

相关知识

1. 文化墙设计

文化墙设计是一种通过视觉元素展示特定文化、价值观、理念或信息的创意表达方式。

它通常会根据设计的场所和目的，展示合适的主题和内容。比如在企业中，可能会展示企业的发展历程、经营理念、团队风采等；在学校里，可能会突出校园文化、优秀学生作品、教育理念等；在社区里，也许会呈现社区的历史、邻里活动、文明公约等。

在设计过程中，要考虑到色彩搭配、图形运用、文字表述的合理性和吸引力，以及整体布局的和谐性。同时，还要结合实际的墙面尺寸、材质和展示环境，确保设计方案能够有效地传达信息，并具有一定的艺术美感和装饰性。

2. 文化墙设计的原则

（1）突出主题

明确文化墙所要表达的核心主题，所有设计元素应紧密围绕主题展开，使主题鲜明突出（如图4-47所示）。

（2）风格统一

色彩搭配、图形元素、文字风格等都保持一致，形成整体协调的视觉效果（如图4-48所示）。

图4-47　党建文化墙

图4-48　企业文化墙（1）

（3）信息精准

选取的内容要准确、精炼，去除无关和冗余的信息，确保传递的信息清晰、易懂、有价值（如图4-49所示）。

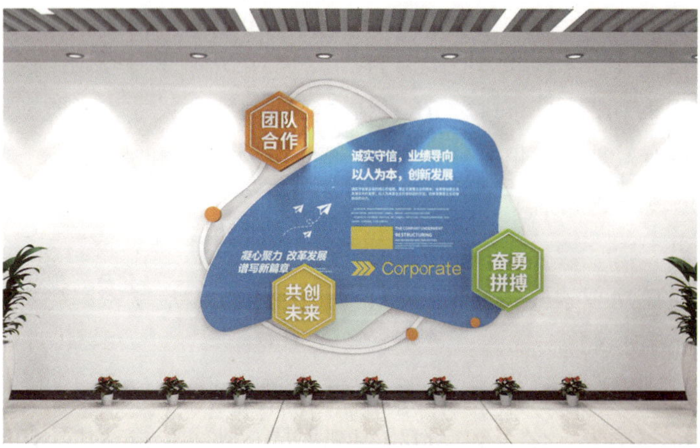

图4-49　企业文化墙（2）

(4) 视觉平衡

合理安排各类元素的布局，在墙面空间上达到轻重均衡、疏密得当，避免某一部分过于拥挤或空旷（如图4-50所示）。

图4-50 企业文化墙（3）

(5) 受众导向

充分考虑观看者的需求和感受，根据受众的特点和兴趣来设计内容和形式，增强吸引力和共鸣（如图4-51所示）。

(6) 可更新性

预留一定的空间或采用灵活的设计方式，以便能够方便地更新内容，保持文化墙的新鲜感和时效性（如图4-52所示）。

3. 文化墙设计的构思方法

(1) 故事叙述法

以讲故事的方式来布置文化墙的内容，按照时间顺序、发展逻辑或情节展开，使观众能够像阅读故事一样理解文化内涵。

(2) 元素提取法

从相关的文化、历史、特色等方面提取关键元素，如标志、符号、图案等，将这些元素巧妙地融入到设计中，增强文化墙的独特性和辨识度。

(3) 场景还原法

通过描绘具体的场景，如工作场景、活动场景、生活场景等，让观众能够身临其境般地感受其中的氛围和精神。

(4) 对比强调法

运用对比的手法，如新旧对比、大小对比、色彩对比等，突出重点信息和关键内容，吸引观众的注意力。

（5）互动引导法

在设计中加入互动元素，如提问、留言区、小游戏等，引导观众参与其中，增加他们对文化墙的兴趣和记忆。

图 4-51　企业文化墙（4）

图 4-52　企业文化墙（5）

任务拓展

以“校园多彩生活文化”为主题设计一组文化墙。设计要求如下。

（1）整体风格活泼、充满朝气，体现校园的青春活力。

（2）文化墙分为学习、体育、艺术、社团四个板块，每个板块尺寸相当。

（3）学习板块展示学生认真听讲、讨论问题、阅读书籍的画面。

（4）体育板块呈现各类比赛场景，如篮球赛、足球赛等。

（5）艺术板块展示学生绘画、演奏乐器、跳舞的活动照片。

（6）写出相关的设计说明。

项目五

成果案例赏析

思政讲堂

诚信是职业道德的基石。在广告设计中，无论是对广告效果的呈现还是对材料特性的描述，都要做到真实准确。责任感是设计师职业道德的核心。广告设计会对受众产生影响，设计师有责任确保其传达的信息是积极健康的。在选择材料方面，要考虑其安全性和可持续性。比如，避免使用对人体有害的材料，减少对环境有污染的材料使用。

保护知识产权也是重要内容。在广告设计中，从创意构思到材料应用的创新都可能涉及知识产权问题。大家应该尊重他人的设计成果和专利，不抄袭、不盗用。同时，也应学会保护自己的设计成果，增强知识产权意识。

任务一　旭盛科技VI系统设计与制作

项目背景

旭盛科技作为一家在科技领域颇具影响力的企业，一直致力于技术创新与发展。厂区二楼的参观通道是对外展示企业形象、文化和实力的重要窗口。

随着企业规模的扩大和业务的拓展，越来越多的客户、合作伙伴以及潜在投资者前来参观交流。原有的参观通道缺乏系统性的文化展示，无法充分展现旭盛科技的独特魅力和内涵。此次文化墙设计项目旨在改变这一现状，通过精心打造文化墙，向参观者直观地呈现公司的发展历程，从初创时的艰难探索到如今的辉煌成就，展示企业一路走来的里程碑。同时，也将呈现公司的核心价值观、创新理念、团队风采以及在科技研发方面的突出成果，让参观者更深入地了解旭盛科技的文化底蕴和发展潜力，增强对企业的认同感和信任感。

项目任务

1. 布置位置

二楼参观通道北面生产间隔墙面，起始：二楼成型工序——终点：14号楼梯处。

2. 规划说明

（1）所需工序展区样式，如图5-1所示。

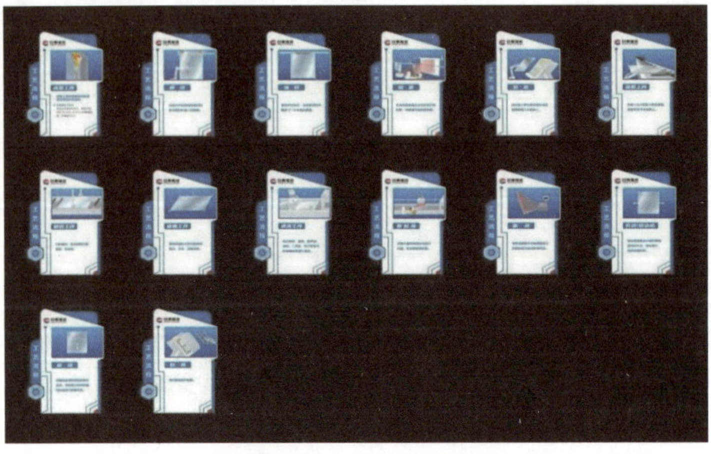

图5-1　二楼参观通道北面生产间隔墙面（1）

（2）展板内容表述各道工序功能，如图5-2所示。

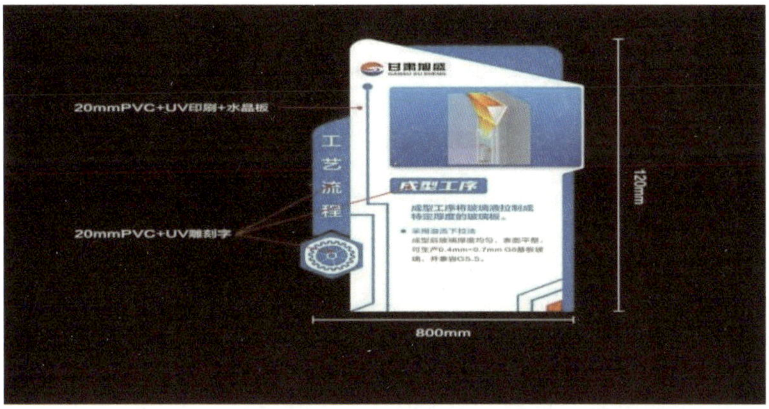

图5-2　二楼参观通道北面生产间隔墙面（2）

①展板规格：每块展板的尺寸为120 mm×800 mm。
②材质：面板使用PVC板，立体文字使用水晶板。
③制作设备：UV平板打印机、激光雕刻机。

项目展示

（1）上墙效果图，如图5-3所示。

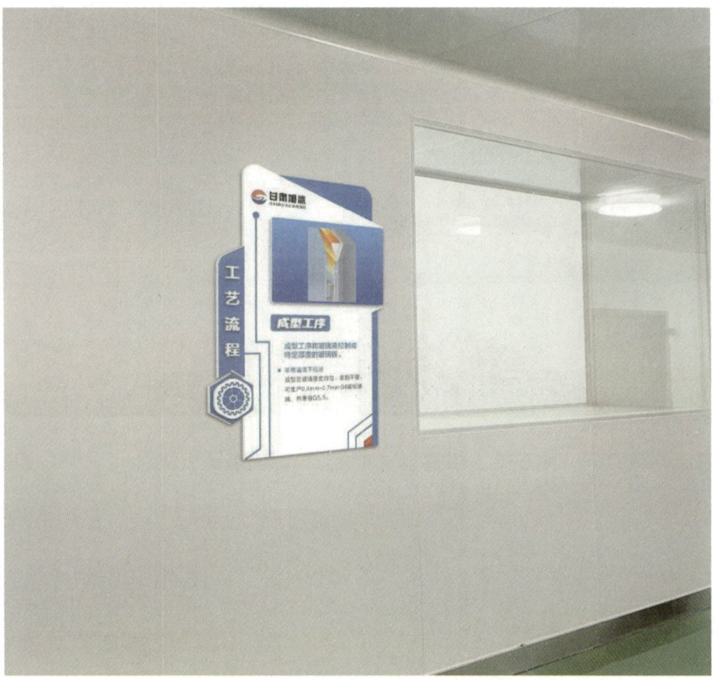

图5-3　二楼参观通道北面生产间隔墙面（3）

（2）精益运营专区7S管理（拐角北侧墙面空白处），如图5-4所示。

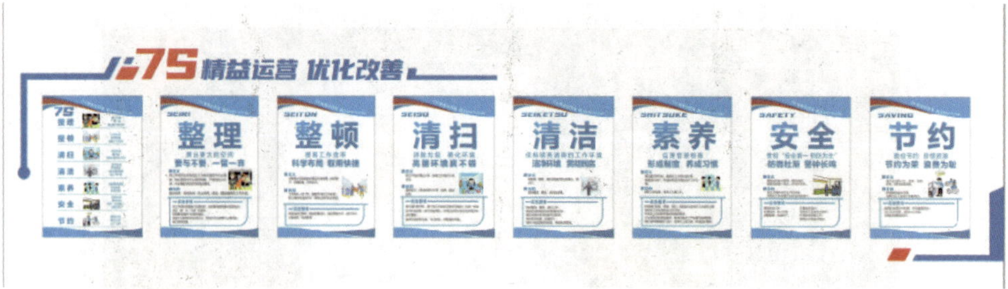

图5-4　精益运营专区7S管理墙面（1）

①展板规格：每块展板的尺寸为500 mm×700 mm。

②材质：面板使用PVC板，立体文字使用水晶板。

③制作设备：UV平板打印机。

（3）墙面效果，如图5-5所示。

图5-5　精益运营专区7S管理墙面（2）

（4）标语区（主要为非窗口展示处的空白填充）。

①“致力于成为具备国际竞争优势和产业安全担当的民族企业”效果如图5-6所示。

图5-6　标语区墙面（1）

a.展板规格：4000 mm×2100 mm。

b.材质：面板使用PVC，立体文字使用水晶版。

c.制作设备：UV平板打印机、激光雕刻机。

墙面效果如图5-7所示。

图5-7　标语区墙面（2）

③“市场导向　用心用情　服务客户”效果如图5-8所示。

图5-8　标语区墙面（2）

a.展板规格：4000 mm×2100 mm。

b.材质：面板使用PVC，立体文字使用水晶板。

c.制作设备：UV平板打印机、激光雕刻机。

墙面效果如图5-9所示。

图5-9　标语区墙面（4）

④“千淘万漉虽辛苦　吹尽狂沙始到金”“只有艰苦奋斗的创业者　才能成为时代的胜利者”效果如图5-10所示。

图5-10 标语区墙面（5）

a.展板规格：3600 mm×1200 mm。

b.材质：面板使用PVC板，立体文字使用水晶板。

c.使用设备：UV平板打印机、激光雕刻机。

墙面效果如图5-11所示。

图5-11 标语区墙面（6）

（5）参观通道，如图5-12所示。

图5-12　参观通道起始点墙面（1）

①展板规格：1860 mm×710 mm。

②材质：面板使用PVC板，立体文字使用水晶板。

③使用设备：UV平板打印机、激光雕刻机。

墙面效果如图5-13所示。

图5-13　参观通道起始点墙面（2）

（6）食堂北墙效果如图5-13所示。

图5-14　食堂北墙（1）

①展板规格：490 mm×150 mm。

②材料：PVC板。

③使用设备：激光雕刻机、UV平板打印机。

墙面效果如图5-15所示。

图5-15　食堂北墙（2）

（7）食堂西墙效果如图5-16所示。

图5-16　食堂西墙（1）

①展板规格：800 mm×1200 mm。

②材质：PVC板+UV（边框为印刷效果）。

③使用设备：UV平板打印机、写真机、喷绘机。

墙面效果如图5-17所示。

图5-17　食堂西墙（2）

（8）消防栓贴图效果如图5-18所示。

图5-18　消防栓贴图

①规格：600 mm×1400 mm。

②材料：写真布。

③使用设备：写真机、喷绘机。

（9）提示标识牌，如图5-19所示。

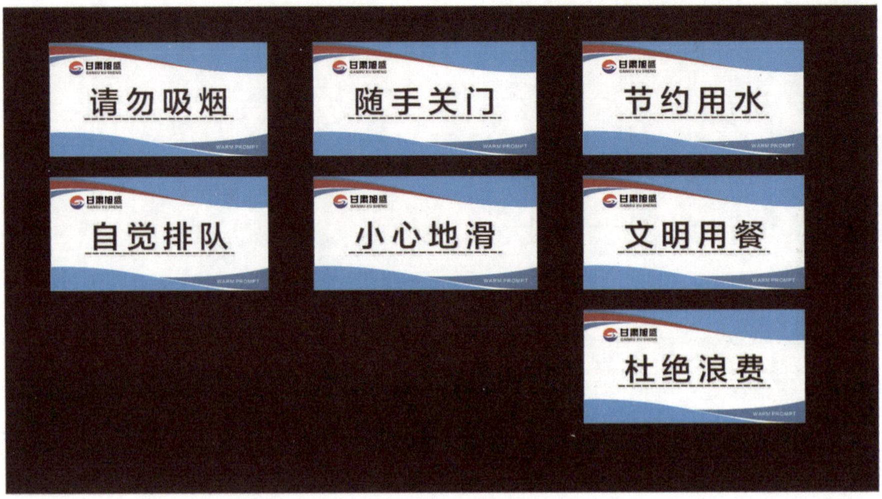

图5-19　提示标识牌效果图

①规格：300 mm×150 mm。

②材质：写真布。

③使用设备：写真机、喷绘机。

（10）花草标识牌效果如图5-20所示。

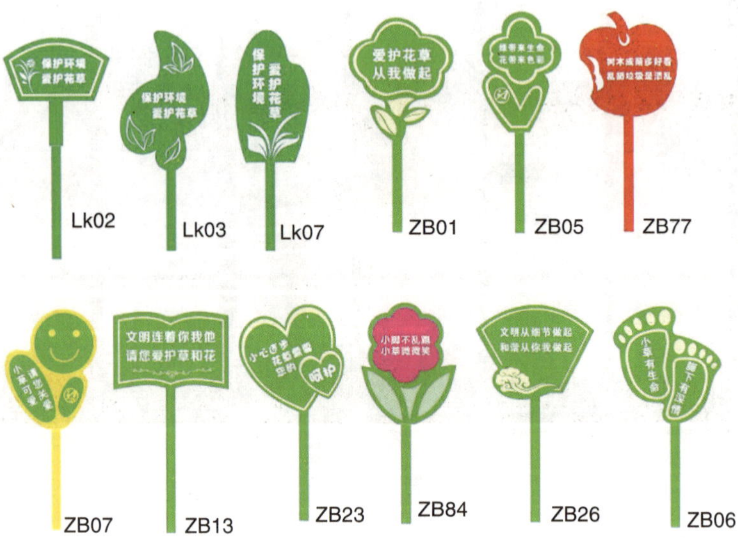

图5-20　花草标识牌效果图

①材质：铁艺、亚克力铁艺喷漆+UV印刷。

②使用设备：喷绘机、UV平板打印机、雕刻机。

（11）楼层导示牌效果如图5-21所示。

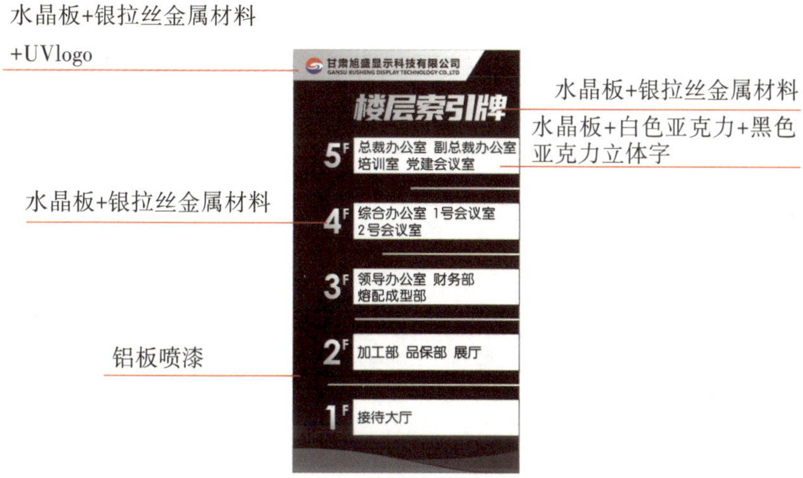

图5-21　楼层导示牌效果图（1）

①规格：600 mm×1100 mm。

②材质：精工铝板、水晶版。

③使用设备：UV平板打印机、激光雕刻机。

墙面效果如图5-22所示。

图5-22　楼层导示牌效果图（2）

（12）电梯内标牌效果如图5-23所示。

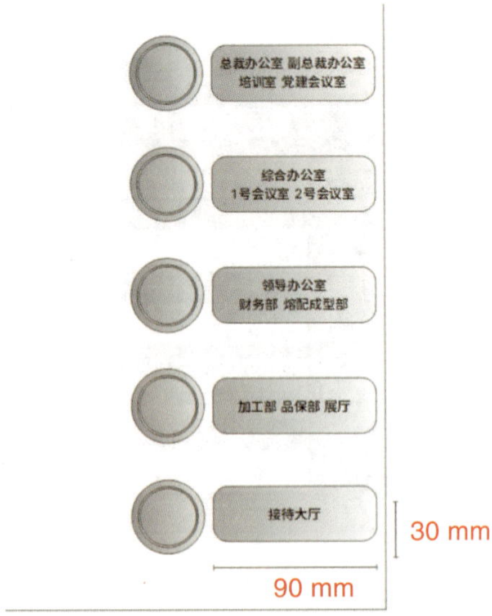

图5-23　电梯内标牌效果图

①规格：30 mm×90 mm。

②材质：不锈钢。

③使用设备：UV平板打印机。

（13）出入口标识牌效果如图5-24所示。

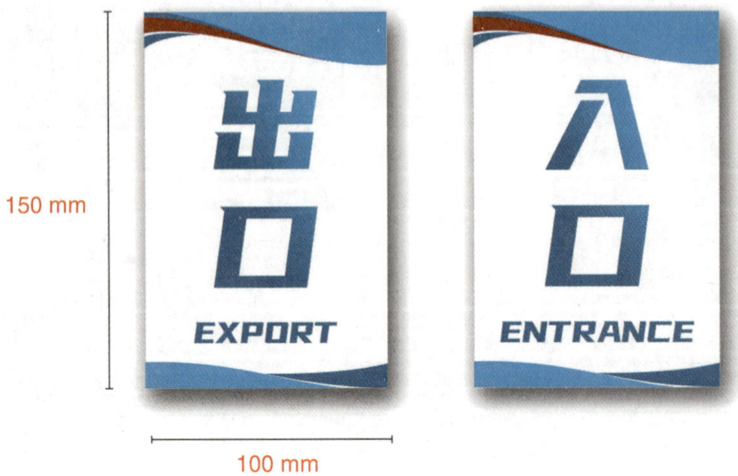

图5-24　出口、入口效果图

①规格：150 mm×100 mm。

②材质：亚克力。

③使用设备：UV 平板打印机。

项目评析

旭盛科技的 VI 系统设计与制作工艺精湛，注重细节，体现了高品质的要求，使品牌形象更具质感。材料选择了环保材料，符合可持续发展理念。风格上，简洁大方的设计符合科技行业的特点，同时也不失个性与创新。总体而言，旭盛科技 VI 系统设计在工艺材料风格上的表现，有助于提升品牌形象，与企业价值观相契合。

任务二　东旭集团VI系统设计与制作

项目背景

东旭集团厂区三、四、五楼通道由于之前未设计文化墙，现应公司要求，设计安装文化墙，以便向客户展示企业理念增强职员的凝聚力，同时宣传公司品牌。文化墙是企业形象的载体，在企业文化建设中，文化墙十分有必要。

项目任务

1.布置位置

厂区3-5楼走廊通道、电梯口及4楼联合办公室。

2.规划说明

根据“东旭集团2022文化环境标准化2.0版应用地图”中规范文案及内容形式，做出规划。

项目展示

（1）3楼西区墙面字效果如图5-25所示。

图5-25　3楼西区墙面效果图（1）

①字体规格：400 mm×12个、790 mm×1个、58 mm×1个。

②材质：20 mm×厚度金色PVC雕刻字。

③使用设备：雕刻机。

墙面效果如图5-26所示。

图5-26　3楼西区墙面效果图（2）

（2）4楼西区墙面字效果如图5-27所示。

图5-27　4楼西区墙面效果图（1）

①字体规格：300 mm×29个、48 mm×2个。

②材质：20 mm×厚度金色PVC雕刻字。

③使用设备：雕刻机。

墙面效果如图5-28所示。

图5-28　4楼西区墙面效果图（2）

（3）4楼墙面效果如图5-29所示。

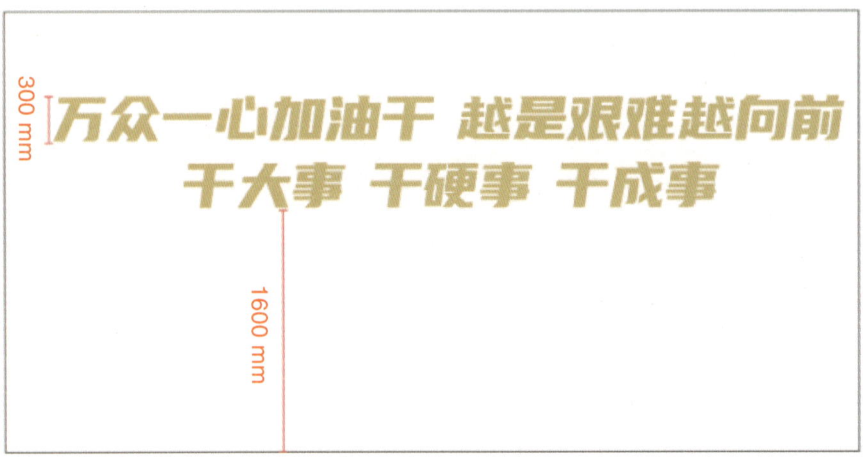

图5-29　4楼墙面效果图（1）

①字体规格：300 mm×23个。

②材质：20 mm厚度金色PVC雕刻字。

③使用设备：雕刻机。

墙面效如图5-30所示。

图5-30　4楼墙面效果图（2）

（4）5楼墙面效果如图5-31所示。

图5-31　5楼墙面效果图（1）

①字体规格：300 mm×22个。

②材质：20 mm厚度金色PVC雕刻字。

③使用设备：雕刻机。

墙面效果如图5-32所示。

图5-32　5楼墙面效果图（2）

（5）大号展板效果如图5-33、图5-34所示。

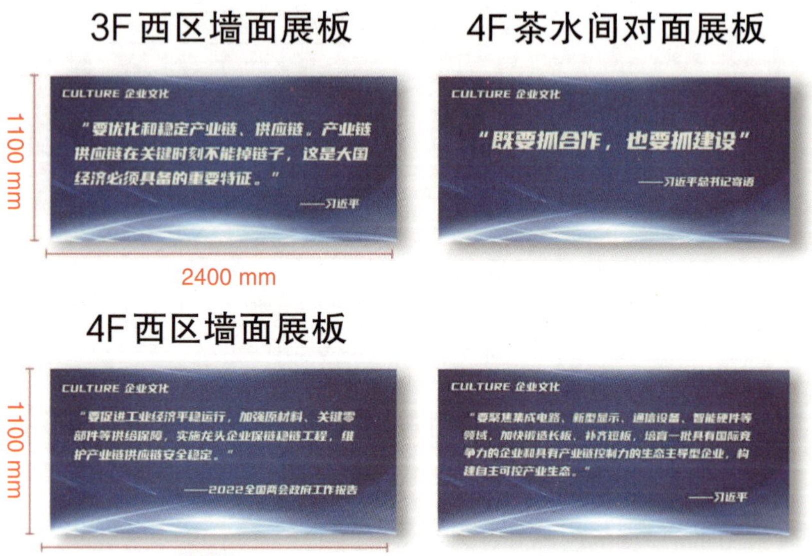

图5-33　大号展板效果图（1）

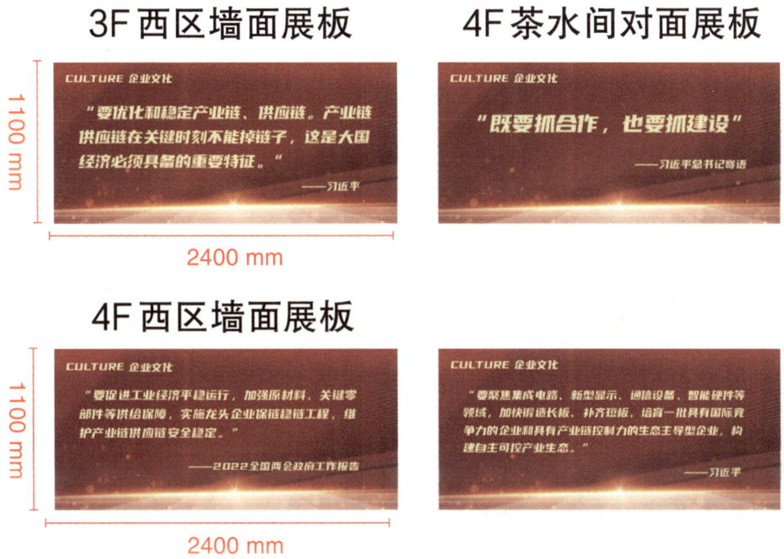

图5-34　大号展板效果图（2）

①展板规格：1100 mm×2400 mm×4 个。

②材质：20 mmPVC、水晶板。

③使用设备：写真机。

墙面效果如图5-35所示。

图5-35　大号展板效果图（3）

（6）小号展板效果如图5-36所示。

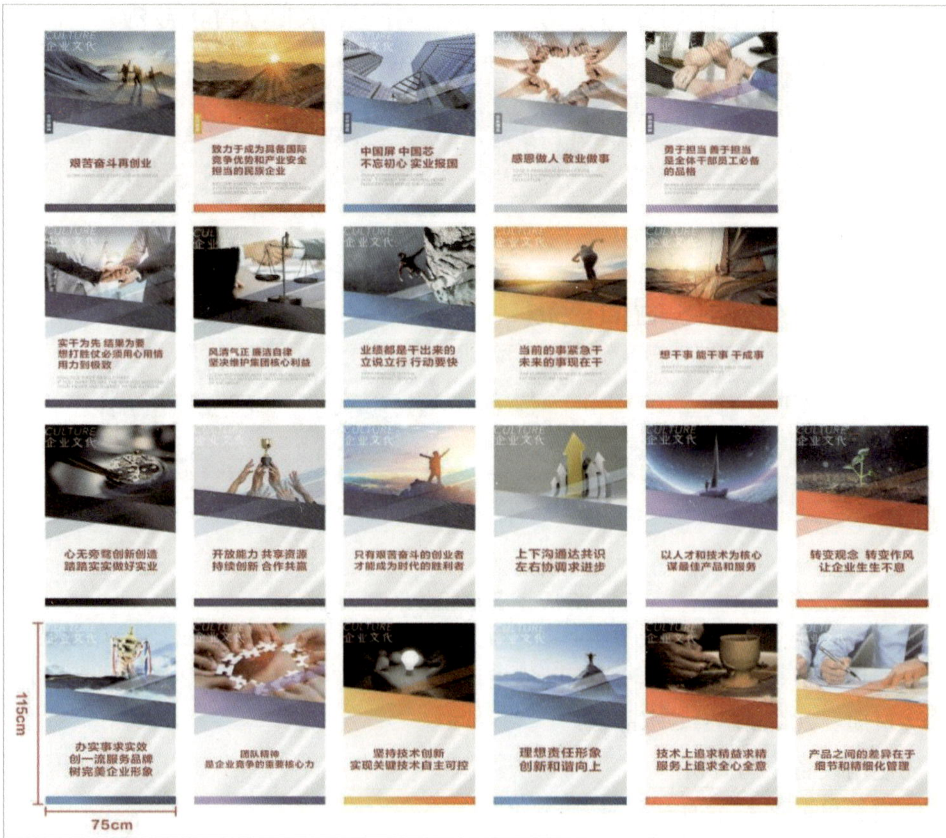

图5-36　小号展板效果图（1）

①展板规格：1150 mm ×750 mm ×22个。

②位置：

3楼通道6个，总长约37.2m，间距约4.6m，等距安装。

4楼通道4个，总长约34.4m，间距约6.28m，等距安装。

4楼电梯厅2个，东墙、北墙各一个。

5楼通道6个，总长约42.2m，间距约6.4m，等距安装。

4楼联合办公室柱子4个。

③材质：20 mm PVC+写真+水晶板+镜钉安装。

④使用设备：写真机。

墙面效果如图5-37、图5-38所示。

图5-37　小号展板效果图（2）

图5-38　小号展板效果图（3）

（7）联合办公室西墙效果如图5-39所示。

图5-39　联合办公室墙西墙面效果图（1）

①字体规格：300 mm×14个。

②材质：20 mm厚度金色PVC板。

③使用设备：雕刻机、围字机。

墙面效果如图5-40所示。

图5-40　联合办公室墙西墙面效果图（2）

（8）联合办公室北墙效果如图5-41所示。

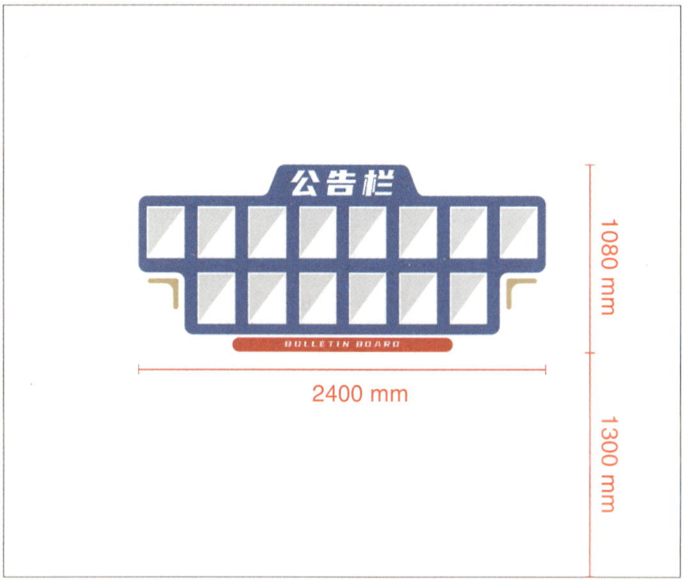

图5-41　联合办公室北墙墙面效果图（1）

①规格：1080 cm×2400 cm；A4文件卡槽×14个。
②材质：20 mm PVC板。
③使用设备：雕刻机、围字机。
墙面效果如图5-42所示。

图5-42　联合办公室北墙墙面效果图（2）

项目评析

东旭集团文化墙的设计与制作，展示了企业的形象和价值观。设计风格简洁大方，元素布局合理，色彩搭配协调，符合企业的形象定位。文化墙上展示了企业的发展历程、业务领域、企业精神等内容，信息丰富，有助于员工和访客了解企业。文化墙的设计和内容与企业文化紧密融合，突出了企业的特色和核心价值观，增强了员工的认同感和归属感。通过文化墙的展示，能够对员工进行潜移默化的教育，激励员工积极进取，为企业的发展贡献力量。总体来说，东旭集团文化墙的设计与制作达到了较高的水平，对企业文化的传播和推广起到了积极的作用。

任务拓展

通过优秀案例的效果图，请思考该制作如图5-43、图5-44、图5-45、图5-46应用到的材料、工艺和设备。

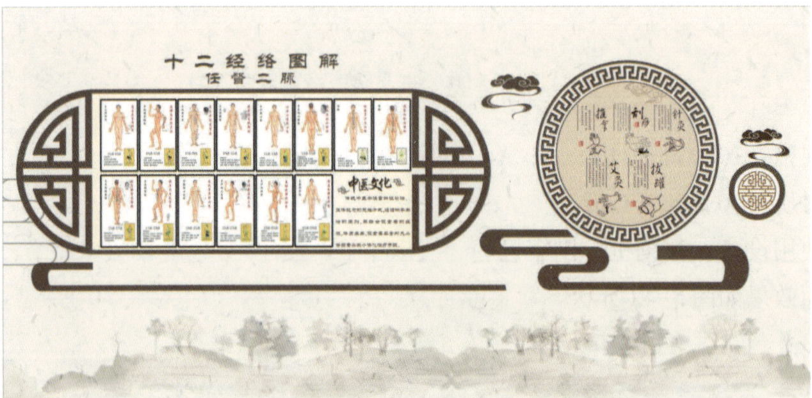

图5-43　文化墙效果图（1）

图5-44　文化墙效果图（2）

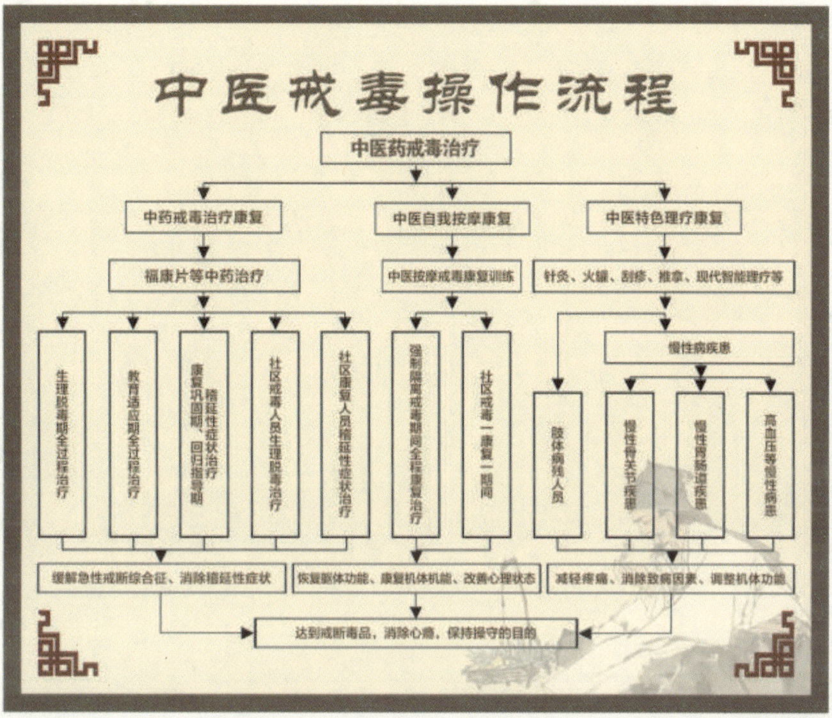

图5-45　文化墙效果图（3）

图5-46　文化墙墙面效果图